普通高等教育电子信息类课改系列教材

FPGA 嵌入式系统开发与实例

主　编　惠　飞

副主编　杨　澜　马峻岩

U0379063

西安电子科技大学出版社

内 容 简 介

  本书作为 FPGA 初学者的入门级教材,注重基础性和实用性。全书共 6 章,主要包括 FPGA 与 EDA 技术、FPGA 硬件设计平台、软件设计平台、Verilog HDL 基础、基于 Vivado 的 FPGA 设计案例和 FPGA 设计进阶。本书内容环环相扣、循序渐进,详细介绍了 FPGA 系统开发中的每个环节。同时,本书还收录了所有实例的完整工程文件和源代码文件,便于读者边学边练,更快地掌握 FPGA 系统设计方法和流程。

  本书适合大专院校通信工程、电子工程、计算机、微电子和半导体等相关专业本科生以及 FPGA 系统设计初学者阅读参考。

图书在版编目(CIP)数据

FPGA 嵌入式系统开发与实例 / 惠飞主编. —西安:西安电子科技大学出版社,2017.10
(2022.2 重印)
ISBN 978-7-5606-4704-3

Ⅰ. ① F⋯　Ⅱ. ① 惠⋯　Ⅲ. ① 可编程序逻辑器件—系统设计　Ⅳ. ① TP332.1

中国版本图书馆 CIP 数据核字(2017)第 231062 号

策　　划　刘玉芳
责任编辑　阎　彬
出版发行　西安电子科技大学出版社(西安市太白南路 2 号)
电　　话　(029)88202421　88201467　　　邮　　编　710071
网　　址　www.xduph.com　　　　　　　电子邮箱　xdupfxb001@163.com
经　　销　新华书店
印刷单位　陕西天意印务有限责任公司
版　　次　2017 年 10 月第 1 版　　2022 年 2 月第 2 次印刷
开　　本　787 毫米×1092 毫米　1/16　印　张　16.5
字　　数　388 千字
印　　数　2001～3000 册
定　　价　39.00 元
ISBN 978-7-5606-4704-3/TP
XDUP 4996001−2
  如有印装问题可调换

前　言

　　FPGA 可以解决电子系统的小型化、低功耗、高可靠性等问题，并且由于 FPGA 的开发周期短、投入少以及芯片成本较低等原因，因而被广泛应用于各类电子产品的设计中，从高端的通信系统设备，如无线基站、千兆网络路由器等，到低成本、大批量的消费类产品，如智能手机、便携式产品、数码相机等。如今，FPGA 系统设计技术已经成为了高级硬件工程师和 IC 逻辑设计工程师必备的技能之一。FPGA 系统设计涉及的相关技术包括了FPGA 结构原理、电路硬件与调试、硬件描述语言、开发工具 EDA 软件、仿真验证技术以及 FPGA 与其他处理器的互连接口技术等。FPGA 系统开发流程复杂，所需先修知识较多，并且只有通过大量的操作与实践才能很好地掌握。为此，本书聚焦为初学者提供基于开发板的知识讲解以及详细的代码调试实例，让初学者快速地掌握开发流程，并学会使用开发软件。

　　考虑到初学者的特点，本书的实验案例从简单流水灯控制设计开始，涵盖了信号处理、接口控制、复杂嵌入式系统设计等，内容注重实用性和基础性，力求做到重点突出、深入浅出。此外，本书搭配使用的平台是 Xilinx FPGA EGo1 口袋实验平台。该平台是依元素科技(Xilinx 大学计划大中华区官方服务企业)联合上海交通大学电工电子实验中心,针对中国式教育在国内本地化校企合作的重要实践成果。该实验平台具有结构合理、功能齐全、接口丰富等主要特点。书中采用将实验平台与基础理论知识描述和实例讲解分析相结合的实验教学方式，能够满足初学者的入门认知需求和进阶学习需求。

　　本书的第 1～3 章由杨澜编写，第 4、5 章由惠飞编写，第 6 章由马峻岩、史昕编写，侯俊参与了第 4 章的部分编写工作。本书的整体框架及内容的确定由惠飞负责。另外要感谢武晓洁、王龙飞、李腾龙、王瑞、何朋朋等长安大学信息工程学院的硕士研究生，以及依元素科技有限公司的工程师王钢和冯子腾为本书实验代码调试所做的工作。

　　本书获得了国家级实验教学示范中心——道路交通运输工程实验教学中心的建设经费资助。本书在编写过程中还得到了西安电子科技大学出版社编辑们的大力支持，也获得了各位同仁的支持和帮助，这里表示感谢！同时，本书内容也参阅了同行的一些著作和相关网站的文章，在此对原作者表示衷心的感谢！

　　由于作者水平有限，书中难免存在疏漏和不足，敬请读者指正。

编　者

2017 年 4 月

目　录

第 1 章　FPGA 与 EDA 技术

1.1　FPGA 概述

FPGA(Field Programmable Gate Array)的全称是现场可编程门阵列，它作为专用集成电路(Application Specific Integrated Circuit，ASIC)领域中的一种半定制电路，既解决了定制 ASIC 开发周期长、不可修改的问题，又克服了原有可编程器件门电路数有限的缺点。它完全由用户通过软件进行编程、配置，以完成某种特定的功能，并且可以反复擦写。

1.1.1　FPGA 的发展历程

20 世纪 60 年代末至 70 年代初，数字集成电路开始飞速发展。1970 年美国 Intel 公司推出第一块 1K 的动态随机存取存储器(Dynamic Random Access Memory，DRAM)芯片之后，DRAM 的存储容量基本上以每三年翻两番的速度发展。与此同时，美国仙童(Fairchild)半导体公司推出的 256 比特静态随机存取存储器(Static Random Access Memory，SRAM)被认为是 FPGA 的基础。

20 世纪 70 年代，可编程逻辑器件(Programmable Logic Device，PLD)以可编程只读存储器(Programmable Read-Only Memory，PROM)的形式出现。早期的 PLD 还有紫外线可擦除只读存储器(Erasable Programmable Read Only Memory，EPROM)及电可擦除只读存储器(Electrically Erasable Programmable Read-Only Memory，EEPROM)，由于它们的结构比较简单，只能完成一些简单功能，因此被称为简单可编程逻辑器件(Simple Programmable Logic Device，SPLD)。随后，出现了一类能够完成各种数字逻辑功能、结构上稍复杂的可编程芯片，如可编程逻辑阵列(Programmable Array Logic，PAL)和通用逻辑阵列(Generic Array Logic，GAL)。20 世纪 70 年代末以后，出现了规模更大、结构更复杂的复杂可编程逻辑器件(Complex Programmable Logic Device，CPLD)。

20 世纪 80 年代，Xilinx 公司推出了第一款 FPGA 产品 XC2064，不过当时该产品并不是很完善。它采用 2 μm 工艺，包含 64 个逻辑块和 85 000 个晶体管，门级数量不超过 1000 个。在一定意义上，FPGA 并不是当时的主流。

20 世纪 90 年代，Xilinx 公司推出了 FPGA 产品 XC4000，采用 0.7 μm 工艺，包含 44 万个晶体管。从此，FPGA 逐渐被应用于制造工艺开发的测试过程中。

进入 21 世纪后，FPGA 的发展更加迅速。2006 年，Xilinx 公司推出 65 nm 工艺的 Virtex-5 系列 FPGA，这是当时业内性能最高的 FPGA。2009 年 10 月，Xilinx 公司与 ARM 公司合作，并于第二年推出了业界首款可扩展处理器平台 Zynq-7000，该平台集成了 ARM 处理器核。2011 年，Xilinx 公司量产了 7 系列 FPGA，包括 Artix-7(简称 A7)、Kintex-7 和 Virtex-7，产品性能进一步提高。近年来，Xilinx 的 7 系列 FPGA 产品逐渐成为业界主流的设计平台。

2016 年 10 月，Xilinx 公司量产了基于 UltraScale 架构的系列产品。目前，Xilinx 公司全新的 16 nm 及 20 nm 工艺的 UltraScale 系列全可编程架构 FPGA，不仅覆盖了从平面到 FinFET 技术以及更高技术的多个方面，而且还可以从单片 IC 扩展至 3D IC。在 20 nm 工艺方面，Xilinx 率先推出了首款 ASIC-Class 全可编程架构。ASIC-Class 不仅支持数百吉兆位(Gb)级别的系统性能，在全线路速度下支持智能处理，而且还可扩展至太位(Tb)级别。在 16 nm 工艺方面，UltraScale+系列更是将全新存储器、3D-on-3D 技术和 MPSoC (多处理 SoC) 技术完美结合，提供远超过传统工艺产品的价值(与 28 nm 器件相比，系统性能功耗比提高了 2 至 5 倍)，大幅提高了系统的集成度、智能性以及最高等级的安全性。

1.1.2 FPGA 的基本结构

FPGA 的基本结构主要由七个部分组成，分别为可编程输入/输出单元、可配置逻辑块、数字时钟管理模块、嵌入式块 RAM、丰富的布线资源、底层内嵌功能单元和内嵌专用硬核。FPGA 芯片内部结构示意图如图 1-1 所示。

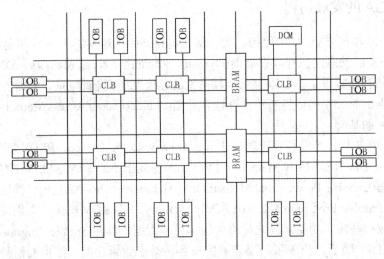

图 1-1　FPGA 芯片基本结构

每个模块的功能如下。

1. 可编程输入/输出单元(IOB)

可编程输入/输出单元简称 I/O 单元，是芯片与外部电路的接口部分，可以在不同的电气特性下完成对输入和输出信号的驱动以及匹配要求。其结构示意图如图 1-2 所示。

以组为单位对 FPGA 内的 I/O 单元分类，每组都可以独立支持不同的 I/O 标准。通过软件进行灵活配置，如适配不同的 I/O 物理特性和电气标准、调节驱动电流的大小以及改变上拉与下拉电阻等。迄今为止，I/O 口的频率越来越高，比如某些高端的 FPGA 运用了双倍速率同步动态随机存储器(DDR)技术，其数据速率可高达 2 Gb/s。

如上所述，FPGA 的 I/O 单元被划分为若干个组(Bank)，每个 Bank 的接口标准由其接口电压 V_{CCO} 决定，一个 Bank 只能有一种 V_{CCO}，但是不同 Bank 的 V_{CCO} 可以不相同。相同电气标准的端口才可以连接在一起，这是接口标准的基本条件。

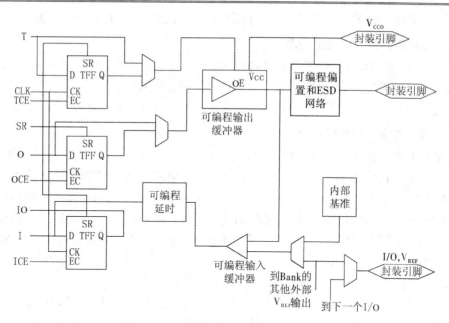

图 1-2　典型 IOB 结构示意图

外部输入信号可以通过两种方式输入到 FPGA 的内部：一种是通过 I/O 单元的存储模块输入；另一种是直接输入。当外部输入信号通过 I/O 单元的存储模块输入到 FPGA 内部时，可以降低系统对其保持时间的性能要求，一般默认是 0。

2. 可配置逻辑块(CLB)

CLB 是 FPGA 的基本逻辑单元。每个 CLB 包含一个可配置开关矩阵、多个(一般为 2个或 4 个)相同的切片(Slice)和附加逻辑，但是对于不同的器件，CLB 的实际数量和特性不同。其中，开关矩阵由 4 个或 6 个输入、一些选型电路(多路复用器等)和触发器构成。每个 CLB 模块既可以用于实现组合逻辑、时序逻辑等功能，也可以配置为分布式 RAM 和分布式 ROM。典型的 CLB 结构如图 1-3 所示。

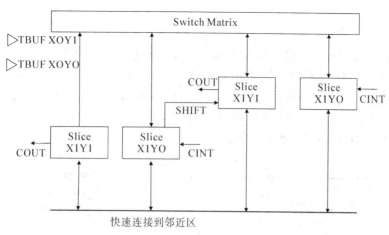

图 1-3　典型 CLB 结构示意图

Slice 是 Xilinx 公司定义的基本逻辑单位。一个 Slice 由两个 4 输入或 6 输入的查找表

(Look Up Table，LUT)、算数逻辑、进位逻辑、存储逻辑和函数发生器构成。

3. 数字时钟管理模块(DCM)

绝大多数 FPGA 都提供数字时钟管理功能。Xilinx 公司的 FPGA 都包含 DCM。Xilinx 公司最先进的 FPGA 不仅提供了数字时钟管理，还具有模拟相位环路锁定。其中，相位环路锁定能够精确提供时钟综合，并且能够降低抖动，以及实现过滤功能。

4. 嵌入式块 RAM(BRAM)

BRAM 极大地拓展了 FPGA 的应用范围和设计灵活性。BRAM 可以配置为单端口 RAM、双端口 RAM、内容地址存储器(CAM)以及 FIFO 等常用存储结构。其中，CAM 存储器在其内部的每个存储单元中都具有一个比较逻辑，其内部的每个数据都会和写入 CAM 的数据进行比较，并且返回与端口数据相同的所有数据地址，所以其在路由的地址交换器中有着广泛的应用。在实际应用中，选择芯片的一个重要因素就是芯片内部 BRAM 的数量。

BRAM 的位宽和深度可以根据需要进行改变，但是需要遵循一定的原则。例如：单片 BRAM 的容量为 36 KB(即位宽为 36 B、深度为 1024)，修改后的容量(位宽×深度)不能大于 36 KB，而且位宽最大不能超过 72 B。当然，若通过将多片 BRAM 级联的方式形成更大的 RAM，则不需要考虑上述原则，此时只需考虑芯片内 BRAM 的数量。

5. 丰富的布线资源

布线资源可以连通 FPGA 内部所有的单元，而信号在连线上的传输速度和驱动能力由连线的工艺和长度决定。FPGA 内部丰富的布线资源依据工艺、长度、宽度和分布位置不同而被划分为 4 种不同的类别：一是全局布线资源，用于芯片内部全局时钟和全局复位/置位的布线；二是长线资源，用于完成芯片 Bank 之间的高速信号和第二全局时钟信号的布线；三是短线资源，用于完成基本逻辑单元之间的逻辑互连和布线；四是分布式的布线资源，用于完成专有的时钟以及复位等控制信息的布线。

在实际设计中，设计者面对一个固定的 FPGA 芯片，并不需要直接选择布线资源，布局布线器能够自动根据输入逻辑网表的拓扑结构和约束条件选择布线资源，从而连通各个模块单元。

6. 底层内嵌功能单元

DLL(Delay Locked Loop)、PLL(Phase Locked Loop)、DSP 和 CPU 等软核被称为内嵌功能单元。单片 FPGA 能够成为系统级的设计工具，具备了软、硬件联合设计能力，且逐步过渡到片上系统(System on Chip，SoC)平台，主要因为它集成了丰富的内嵌功能单元。DLL 和 PLL 功能相似，都可以完成时钟高精度，低抖动的倍、分频，以及移相和占空比调整等功能。典型 DLL 结构如图 1-4 所示。

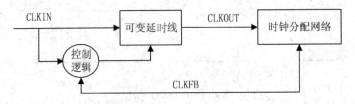

图 1-4　典型 DLL 结构示意图

7. 内嵌专用硬核

内嵌专用硬核等效于 ASIC 电路,是相对于底层嵌入的软核而言的。主流的 FPGA 中都集成了诸如专用乘法器、串并收发器等专用硬核,以提高 FPGA 的性能。Xilinx 公司的高端产品不仅集成了 PowerPC 或 ARM 等高性能 CPU,还内嵌了 DSP 核模块。

1.2　FPGA 的设计流程与设计方法

1.2.1　设计基本流程

FPGA 的基本设计流程是指利用电子设计自动化(Electronic Design Automation,EDA)开发软件以及编程工具对 FPGA 器件进行开发的过程。典型的 FPGA 开发流程如图 1-5 所示。FPGA 的设计流程大体上可分为电路功能设计、设计输入、功能仿真、综合、综合后仿真、实现与布局布线、时序仿真与验证、板级仿真与验证和芯片编程与调试共九个步骤。下面对各步骤的主要任务分别进行介绍。

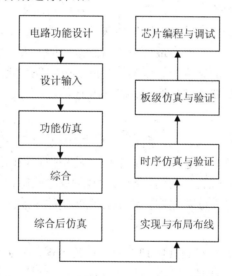

图 1-5　FPGA 设计基本流程

1. 电路功能设计

在系统设计之前,首先要根据任务的实际要求(如系统参数和复杂度),对运行速度、FPGA 芯片本身的各种资源与成本等方面进行权衡,进行方案论证、系统设计和芯片选择等前期准备工作,以便选择出比较合理的设计方案以及适合的器件类型。目前,大多采用自上而下的设计方法。

2. 设计输入

将需要设计的系统或者电路按照开发软件的要求以某种形式表示,并且输入给 EDA 工具的过程称为设计输入。常见的设计输入方法有原理图输入和硬件描述语言输入。

原理图输入方法只需在元件库中调用所需的元器件,画出原理图。这种方法虽然比较简单直接且容易仿真，但是当芯片发生改变时，需要重新输入原理图，因此可移植性较差。

目前应用最多的是硬件描述语言输入方法。硬件描述语言可以分为普通硬件描述语言和行为硬件描述语言。其中，普通硬件描述语言主要有 ABEL、CUM、LFM 等。它们支持逻辑方程、真值表以及状态机等表达方式，主要用于简单的设计。行为硬件描述语言主要有 Verilog HDL 和 VHDL。它们具有语言与芯片工艺无关、采用自上而下的设计、可移植性好、逻辑描述和仿真功能强、输入效率高等优点。

3. 功能仿真

功能仿真是指在用户综合编译之前对其所设计的电路进行的基本逻辑功能验证，也称为前仿真。功能仿真不含延迟信息，主要用于初级功能检测。在仿真前，利用波形编辑器和硬件描述语言等建立波形文件和测试向量(即将所要分析的输入信号组合成序列)。仿真后软件将生成报告文件以及输出波形文件，从中可以观察到各个节点的信号变化。如果用户在输出文件中发现错误信息，可返回设计中修改逻辑。

4. 综合

将较高级抽象层次的设计描述转化为较低层次描述的过程称为综合。其实质是依据设计的功能以及实现该设计的约束条件，将设计的描述转换成满足要求的电路设计方案，最终的电路设计方案必须满足预期的功能和约束条件。对于综合来讲，可能有多个满足要求的电路设计方案，组合器会产生一个最优或者接近最优的方案。因此，综合过程就是设计目标的优化过程，最终得到的结构受综合器性能的影响。在综合过程中会产生供布局布线使用的网表，其中包含目标器件中的逻辑元件与互连信息。

5. 综合后仿真

由于当前的综合工具已较为成熟，所以对于一般的设计可跳过这一步，但是如果布局布线后发现电路结构不符合设计意图，就需要回到此步骤查找问题原因。仿真时，为了估计门延时带来的影响，将把综合生成的标准延时文件反标到综合仿真模型里。由于无法估计线延时，所以仿真结果与布线后的实际情况存在一定的误差。

6. 实现与布局布线

将综合生成的逻辑网表配置到具体 FPGA 芯片的过程称为实现，其中最重要的过程是布局布线。布局就是决定选择最优速度还是最优面积，合理地将逻辑网表中的硬件原语和底层单元配置到芯片内部的固有硬件结构上。所谓布线，就是根据布局的拓扑结构，利用芯片内部的各种连线资源，将各元件合理正确地连接起来。因为 FPGA 的结构比较复杂，尤其是在含有时序约束条件时，所以需要使用时序驱动引擎进行布局布线(选择 FPGA 芯片开发商所提供的工具布局布线)。布线完成后，软件工具会自动生成有关设计各部分资源使用情况的报告。

7. 时序仿真与验证

时序仿真，也称后仿真，是指在实现与布局布线后，将布局和布线的延时信息反标注到设计网表中，以检测有无时序违规问题。时序仿真包含了最全、最精确的延时信息，可以较好地反映芯片的实际工作情况。在布局布线后，需要对系统和各个模块进行时序仿真、系统性能估计以及竞争冒险的检查和消除。

8. 板级仿真与验证

板级仿真一般借助第三方工具进行，主要针对高速电路的设计，用于分析高速系统的信号完整性、电磁干扰等。

9. 芯片编程与调试

生成使用的数据文件，并将编程数据下载到芯片的过程称为芯片编程。FPGA 芯片编程需要满足编程电压、编程时序和编程算法等特定的条件。FPGA 设计中主要选择逻辑分析仪(Logic Analyzer，LA)作为调试工具。不过，为了克服逻辑分析仪价格昂贵以及需要引出大量测试引脚等缺陷，大部分 FPGA 芯片中都内嵌了在线的逻辑分析仪。这些逻辑分析仪仅占用很少的芯片逻辑资源，具有较高的实用价值。

1.2.2　自下而上和自上而下的设计方法

1. 自下而上设计方法

在 EDA 技术出现前，设计人员一般采用传统的硬件电路设计方法进行系统设计。这种自下而上设计方法的主要步骤是：第一步，制定技术规格书，画出系统控制流程图；第二步，分化系统功能，画出系统的功能框图；第三步，细化各部分功能模块及电路设计；第四步，连接各部分功能模块硬件电路，并进行系统调试；第五步，完成整个系统硬件电路的设计。

自下而上设计方法的主要特点包括：

(1) 选用通用元器件。设计人员根据实际需求，选择市场上通用的逻辑元器件来组成设计的逻辑电路。尽管系统的部分硬件电路可以用软件来实现，但选用通用元器件组成系统硬件电路的方法并没有改变。

(2) 设计后期仿真。由于在系统硬件设计后期才可以进行仿真和调试，因此一般使用系统仿真器、逻辑分析仪和示波器进行仿真和调试，仿真、测试和修改的难度较大。

(3) 设计文件为电路原理图。自下而上设计方法的设计文件主要是电路原理图。各个逻辑元器件的名称、相互间的信号连接关系都在电路原理图中有详细标注。当系统比较复杂时，电路原理图可能有成千上万甚至是几十万张，从而给电路原理图的归档、修改以及使用都带来了极大的不便。

2. 自上而下设计方法

为了缩短开发时间，提高开发效率以及增强已有开发成果的继承性，各种 EDA 工具纷纷出现，其中硬件描述语言(Hardware Description Language，HDL)使传统硬件电路的设计方法发生了翻天覆地的变化。FPGA 的设计流程是典型的自上而下设计方法的一个体现。在这个设计流程中，设计人员首先制定系统规范，然后依次进行系统级设计验证、模块级设计验证、设计综合和验证、布局布线以及时序验证，最终在载体上实现所设计的系统。

自上而下的设计方法是指，由系统总体要求出发，逐步细化设计内容，最终完成系统硬件整体的设计。通过硬件描述语言自上而下地设计系统硬件电路一般可以分为以下三个层次：

(1) 行为描述。行为描述主要考虑系统结构和工作过程能否达到要求，并不需要考虑使用什么方法实现实际操作和算法，和器件的工艺是没有关系的。通过行为描述仿真，可以在设计的初始阶段发现系统中存在的问题。

(2) RTL(Register Transfer level，寄存器传送级)描述。基于行为描述的系统结构程序要直接映射到具体逻辑元件结构比较困难，需要获得硬件的具体实现，即需要将行为方式描述的程序，针对特定逻辑综合工具，使用 RTL 的描述方式导出逻辑表达式，之后用仿真工具对 RTL 方式的描述程序进行仿真。仿真通过后，可以使用逻辑综合工具进行综合。

(3) 逻辑综合。逻辑综合是将 RTL 方式描述的程序通过逻辑综合工具转换为用基本逻辑元件描述的文件，即门级网络表的过程。综合结果也可以通过原理图方式输出，人工设计硬件电路时，依据系统要求设计的系统逻辑电路原理图就相当于此时逻辑综合的结果。在逻辑综合之后，再在门级电路上对逻辑综合结果进行仿真，并检查定时关系。若在某一层仿真中发现问题，就在上一层寻找并修改相应错误。如果没有错误，则设计基本结束。

自上而下设计方法的主要特点包括：

(1) 设计自由。硬件设计人员不受通用元器件的限制，可以自行设计所需要的专用功能模块，电路的功耗和体积大大缩小，设计也更为合理。

(2) 多级仿真。设计人员在每级都可以进行仿真，从而可以在系统设计早期发现设计中存在的问题，缩短系统设计周期，降低开发费用。

(3) 设计简单。传统的自下而上的设计方法，需要设计人员写出要设计的电路的逻辑表达式、真值表或者状态表，并进行化简等工作。这项工作难度大且繁杂，很容易出错。若采用硬件描述语言，就不必考虑编写逻辑表达式、真值表或者状态表的过程，从而使设计难度大幅下降，设计周期大大缩短。

(4) 便于移植。采用自上而下方式设计的系统硬件电路设计文件是用硬件描述语言编写的源程序，也可以将硬件描述语言转换成电路原理图。硬件描述语言源程序便于保存、继承性好。因为设计工作是标准化的，所以模块可以移植共享，且阅读方便，所设计的硬件电路的工作原理和逻辑关系很容易看出来。

1.3　EDA 技术简介

在上节介绍的 FPGA 的设计流程中，综合、布局布线、仿真等步骤都是借助于 EDA 工具来完成的。实际上，EDA 技术在计算机、电子信息、计算机应用、仪器仪表以及家用电器等领域已有广泛的应用。借助 EDA 工具，设计工程师可以完成产品规范定义、电路设计验证、性能分析、IC 版图或 PCB 版图在内的整个电子产品开发的过程。EDA 技术显然已成为电子设计领域不可或缺的一部分。

1.3.1　EDA 技术发展历史

20 世纪 70 年代初，当时的集成电路从功能设计到版图设计都是由手工来完成的。因为设计人员不能对非线性元件的行为进行精确预测，所以最初设计的芯片往往不能很好工作，需要进行反复修改。为了解决这个问题，加州 Berkeley 大学推出了计算机仿真程序 SPICE，这个程序是 EDA 技术的基础，它可以仿真非线性元件电路网络，预测电路随时间变化的频率特性等。此外，Protel 的早期版本 Tango 也是这个时期的产品，一般将这个时期的 EDA 称为计算机辅助设计(Computer Aided Design，CAD)。

20 世纪 80 年代，在集成电路、电子设计方法学以及设计工具集成化方面有很多成果，原理图输入、编译连接、逻辑模拟、测试码生成、版图布局等单元库以及设计工具已基本齐全。按照设计方法学制定的设计流程，能够实现从设计输入到版图输出的全程设计自动化。这一时期，门阵列和标准单元设计的各种 ASIC 得到了极大的发展，集成电路工业进入了 ASIC 时代。大多数系统中都集成了 PCB 自动布局布线和热特性、噪声、可靠性等分析软件，实现了电子设计自动化。

20 世纪 90 年代以来，微电子技术发展速度迅猛，工艺水平达到深亚微米级，一个芯片中可以集成百万甚至千万只晶体管，工作速度达到吉赫兹。这个时期的 EDA 技术以高级语言描述、系统仿真和综合技术为特征，系统的设计效率得到极大的提高。这一时期 EDA 技术的主要特征有以下几类。

1. 高层综合

高层综合(High Level Synthesis，HLS)使 EDA 设计层次由 RTL 提高到了行为级，并且划分为逻辑综合与测试综合两种类型。逻辑综合是指转换不同层次和不同形式的设计描述，运用综合算法，在具体的工艺背景下实现高层目标指定的优化设计，设计综合工具能够完成电子系统高层行为描述到低层硬件描述和物理实现的转换。设计人员可以集中精力做系统的行为建模和算法设计，不必了解具体的逻辑器件。测试综合是对设计的有效验证，可以保证电子系统设计的结果稳定可靠，综合的对象是电路时序、功耗、电磁辐射和负载能力等性能指标。

2. 使用硬件描述语言

VHDL 和 Verilog HDL 作为 IEEE 的两种工业标准硬件语言，均支持不同层次的描述，规范了复杂的 IC 描述，因此传递、交流、保存、修改和重复使用等操作比较方便。目前大多数的 EDA 软件都兼容这两种标准。

3. 采用平面规划技术

逻辑综合和物理版图设计的联合管理采用平面规划技术，因此在逻辑综合设计早期阶段就需要考虑物理设计信息，设计者可以通过这些信息进一步进行综合优化。在以深亚微米级布线延时为主要延时的情况下，这将有助于加速设计过程的收敛和成功。

4. 可测性综合设计

为了解决由 ASIC 规模和复杂性增加所带来的测试难度和费用上升等问题，EDA 系统中集成了开发扫描插入、内检自测试、边界扫描、可测性设计等工具。

5. 协同验证

协同验证是系统集成的核心，它弥补了软硬件设计流程之间的空隙，使软硬件之间可以同步协调工作。协同验证融合了逻辑综合、性能仿真、形式验证和可测性设计等功能，通过高层系统设计主导，进一步优化系统性能。

6. 集成化设计环境

为了适应当今 ASIC 系统的数字和模拟电路并存、软硬件设计并存等特点，EDA 系统建立了并行设计工程(Concurrent Engineering，CE)框架结构的集成化设计环境。这种集成化设计环境采用了统一的数据和通信管理系统，各设计小组共享数据库和知识库，可以并行地进行设计，在各平台之间平滑过渡。

  如今，EDA 技术已经成为硬件设计工程师必不可少的设计手段。片上可编程系统(System On Programmable Chip，SOPC)以及片上系统的概念引入也引领 EDA 技术不断向前推进。总之，随着各个学科的不断进步，EDA 工具也将有更大的发展。

1.3.2 FPGA 的常用 EDA 开发工具

  全球的 EDA 厂商主要可以分为两类。一类是 EDA 专业软件公司，如 Mentor Graphics、Synopsys 和 Protel 等公司，这些公司的 EDA 系统注重追求技术上的先进性，系统也具有较好的标准化和兼容性，适合科研单位使用。另一类是半导体器件厂商，如 Xilinx、Altera、Lattice 等公司，这些公司主要是为了销售它们的产品而开发 EDA 工具的，因此这类 EDA 工具能够针对各自公司生产的器件的工艺特点进行设计优化、降低功耗、提高资源利用率等改进，比较适合产品开发单位使用。当前主流的 EDA 开发软件有 Altera 公司的 Quartus Ⅱ 软件和 Xilinx 公司的新一代集成开发环境 Vivado。

  Quartus Ⅱ 软件是 Altera 公司的综合开发工具，它集成了 Altera 的 FPGA/CPLD 开发流程中所涉及的所有工具和第三方软件接口。通过使用此综合开发工具，设计者可以创建、组织和管理自己的设计。常用的 Altera 自带的 FPGA/CPLD 开发工具有文本编辑器(Text Editor)、内存编辑器(Memory Editor)、原理图编辑器、内嵌综合工具、寄存器传输级视图观察器(RTL Viewer)等。此外，Quartus Ⅱ 还集成了一些专门 EDA 工具生产商的设计工具接口，在 Quartus Ⅱ 中可以直接调用这些工具。

  Vivado 是 Xilinx 公司于 2012 年发布的新一代集成开发环境，突出了基于可重用模块 IP(Intellectual Properity，IP)核的设计方法，更加体现了系统级设计思想，并增强了设计者对 FPGA 底层布局和布线的干预能力。与 Xilinx 前一代的设计平台 ISE 相比，Vivado 在器件利用率、功耗、IP 集成速度以及 RTL 仿真速度等诸多方面的性能都有所提升。随着 Xilinx FPGA 器件技术的不断进步以及 Vivado 工具的不断完善，采用 Xilinx 公司的 FPGA 和 Vivado 的组合设计方式已经成为当前业界主流。关于 Vivado 的安装、界面及具体操作等内容将在本书第 3 章中详细介绍。

第 2 章　FPGA 硬件设计平台

2.1　Xilinx FPGA 产品简介

2.1.1　Xilinx FPGA 产品简介

Xilinx(赛灵思)是一家全球领先的制造 FPGA、SoC、MPSoC 和 3D IC 的公司。该公司成立于 1984 年，首创了现场可编程逻辑阵列(FPGA)这一创新性技术，并于 1985 年首次推出商业化产品。目前 Xilinx 的 FPGA 产品占全球 50%以上的市场份额。

Xilinx 公司的主流 FPGA 分为两大类：一种侧重于低成本应用，容量中等，性能可以满足一般的逻辑设计要求，如 Spartan 系列；另一种侧重于高性能应用，容量大，性能可以满足各类高端应用，如 Virtex 系列。

Virtex 系列第一款芯片是 1998 年推出的 Virtex50，其可用逻辑门规模为 5 万门，最大可用逻辑门达到 100 万门(Virtex1000)，系统频率最高可以达到 200 MHz，支持 16 种高性能接口标准。Virtex 系列芯片的特性包括：自带 4 个 DLL 和 4 个全局时钟输入端口；具有专用的乘法器；具有 8 块 4 KB 的 RAM；支持边界扫描功能；采用 0.22 μm 5 层金属工艺；支持热插拔的 PCI；芯片的工作电压为 2.5 V。

随后在 1999 年左右，Xilinx 公司推出了 VirtexE 系列 FPGA，该系列可以看作是 Virtex 的升级版。VirtexE 系列 FPGA 与 Virtex 系列的最大区别是：用户可使用的 RAM 资源增加了 1 倍以上；可用逻辑门规模增加到 400 万门(XCV3200E)；芯片内部工作时钟达到 130MHz。由于其主要针对低压设计，所以芯片的工作电压由 2.5 V 降低到 1.8 V，支持的接口标准由 16 种增加到 20 种。

2000 年，Xilinx 推出了 VirtexE 的升级版本 Virtex II 系列，采用了 0.15 μm 与 0.12 μm 高速传输晶体管的混合工艺，芯片内核电压为 1.5 V，属于大规模高端 FPGA 产品。该系列产品的可用逻辑资源容量从 4 万门增加到 800 万门，芯片内部时钟频率可以达到 420 MHz，I/O 接口的速度可以达到 840 MHz，具有总量为 3 MB 的双端口 18 位 SelectRAM 资源，内部集成有高达 93 184 个的钟控寄存器单元与查找表单元(或等效于级联的 16 位移位寄存器单元)，支持的 RAM 类型多样，芯片内部增加了集成的 18×18 bit 的乘法器单元、快速超前进位链、12 个数字时钟管理单元 DCM、16 个全局时钟多路复用器、19 种单端接口和 6 种差分接口标准，在 I/O 上增加了针对单端接口标准的 DCI 数字控制阻抗技术，支持 PCI 与 PCI-X 接口标准，具有高达 840 Mb/s 传输速率的 LVDS 接口，采用 1.5 V 内核电压与 3.3 V 的辅助电压。

正是由于 Virtex-Ⅱ系列的成功，Xilinx 公司在 2002 年推出了 Virtex-Ⅱ Pro 系列。该芯片是 Xilinx 第一款集成 PowerPC 和高速收发模块的 FPGA，嵌入了两个 IBM 的 PowerPC 模块，集成了多达 20 个的高速收发模块 RocketIO 和 RocketIO X。由于使用了 RocketIO 技术，所以该芯片的接口传输速度可以达到 2 Gb/s 以上。该芯片集成的哈佛结构的 PowerPC 可以达到 300 MHz 以上的工作频率，内部使用了 5 级流水与硬件乘除法单元，其最高工作频率可以达到 400 MHz。由于该芯片建立在 Virtex-Ⅱ系列芯片的基础上，所以内部结构与 Virtex-Ⅱ基本相同，因此也集成了 18×18 bit 的乘法器单元且使用了 DCI 技术。该芯片中的双端口 RAM 最大可以达到 8 MB，它支持 22 种单端接口标准与 10 种差分接口标准，采用的制作工艺较 Virtex-Ⅱ也有提高，使用 0.13 μm 与 90 nm 9 层铜线金属混合工艺。芯片内核工作电压为 1.5 V，辅助工作电压为 2.5 V。

2004 年，Xilinx 公司推出了新产品 Virtex-4 系列，该系列将高级硅片组合模块 (ASMBL) 架构与种类繁多的灵活功能相结合，大大提高了可编程逻辑设计能力，从而成为替代 ASIC 技术的强有力产品。Virtex-4 FPGA 包含三个子系列：LX、SX、FX。Virtex-4 LX 侧重普通逻辑应用，并于 2005 年年底开始量产。Virtex-4 SX 侧重数字信号处理，其 DSP 模块比较多，于 2006 年年初开始量产。Virtex-4 FX 集成 PowerPC 和高速接口收发模块，于 2006 年年初开始量产。

2006 年，Xilinx 公司推出了 Virtex-5 系列，采用 65 nm 工艺，1.0 V 内核，第二代 ASMBL(高级硅片组合模块)列式架构，包含四种不同的平台(子系列)，比此前任何 FPGA 系列提供的选择范围都大。每种平台都包含不同的功能配比，以满足诸多高级逻辑设计的需求。该系列主要由 LX、LXT、SXT 和 FXT 四个平台构成，其中 Virtex-5 LX 针对高性能通用逻辑应用，Virtex-5 LXT 针对具有高级串行连接功能的高性能逻辑，Virtex-5 SXT 针对高性能信号处理应用，Virtex-5 FXT 针对高性能嵌入式系统。

Virtex-6 FPGA 系列包括三个面向应用领域优化的 FPGA 平台，分别提供了不同的特性和功能组合来更好地满足不同客户的应用需求。

• Virtex-6 LXT：优化目标应用需要高性能逻辑、DSP 以及基于低功耗 GTX 6.5 Gb/s 串行连接能力；

• Virtex-6 SXT：优化目标应用需要超高性能 DSP 以及低功耗 GTX 6.5 Gb/s 串行收发器的串行连接能力；

• Virtex-6 HXT：面向优化通信应用需要具有最高的串行连接能力，其多达 64 个的 GTH 串行收发器可提供高达 11.2 Gb/s 的带宽。

Virtex-6 系列产品在功耗和成本方面分别比上一代产品低 50% 和 20%，它具有可编程性以及面向 DSP、存储器和连接功能支持(包括高速收发器功能，满足了对更高带宽和更高性能的不断需求)的集成式模块的组合。其最实用的几个高性能应用有无线基础设施、有线网络、广播设备等。

在 Virtex 系列推出之前，Xilinx 公司还设计了一些早期的 FPGA 芯片，这些芯片目前基本上已经在市场上找不到了，如 XC3000 系列、XC4000 系列、XC5200 系列。这些系列的 FPGA 奠定了后来的 Virtex 系列的基础，因此，后期的芯片架构也与前期产品基本相同。

对于 Xilinx 所推出的 Spartan 系列而言，它所使用的芯片架构与 Virtex 系列是完全相同的，不同的只是 Spartan 系列针对低端用户，而 Virtex 系列针对高端用户。而且相比于 Virtex 系列而言，虽然 Spartan 系列的架构相对同期的 Virtex 系列更落后一些，但其工艺要更先进一些。如 Spartan 系列相当于 XC4000 系列，而对应的 Spartan-Ⅱ(0.18 μm 工艺)相当于 Virtex 系列。Spartan-ⅡE 是 Xilinx 推出的中等规模 FPGA，内核电压为 1.8 V，与 Virtex-E 的结构基本一样，是 Virtex-E 的低价格版本。

　　2003 年 Xlinx 公司推出的 Spartan-3/3L 结构与 Virtex-Ⅱ类似，是当时全球第一款 90 nm 工艺 FPGA，采用 1.2 V 内核。之后推出的 Spartan-3E 则基于 Spartan-3/3L 对其性能和成本做了进一步优化。最新一代的 Spartan-6 系列采用 45 nm 工艺，1.0 V 内核，继承了 Spartan-3 型号中广受好评的 Device DNA 技术。在 Spartan-6 的某些型号上增加了和 Virtex-5 系列相同的 AES 加密技术，增强了其安全性。其中 Spartan-6 LX 面向低成本要求的应用市场。Spartan-6 LXT 为串行连接提供最低风险和最低成本，包括丰富的逻辑资源和高速收发器。

2.1.2　Xilinx 7 系列 FPGA 功能与特点

　　Xilinx 公司于 2011 年推出了最新的 7 系列 FPGA 芯片，包括 3 个子系列：Artix-7、Kintex-7 和 Virtex-7。相对于前代产品而言，7 系列三种产品的功耗都降低一半。在功耗方面的这种突破性进展大幅提高了 7 系列产品的系统级性能，因此 Xilinx 公司还设立了全新的逻辑密度、I/O 带宽和信号处理基准。

　　Artix-7 FPGA 在 28 nm 工艺上实现了最低功耗和成本，主要面向大批量、成本敏感型便携式应用。Kintex-7 FPGA 能以不到一半的成本达到 Virtex-6 系列 FPGA 的性能，而且功耗减少一半，其性价比翻一番，为高端功能提供了平衡优化的配置，主要面向以性价比为导向的各种应用(如过去采用 ASIC 和 ASSP 的应用)。Virtex-7 FPGA 的系统性能比 Virtex-6 增强一倍，功耗降低一半，速度提升 30%，而且容量扩大 2.5 倍，主要面向系统性能和容量要求高的应用，例如 10 G～100 G 网络、便携式雷达以及 ASIC 原型设计等。

　　所有 Artix-7 FPGA 产品均采用统一架构，工艺均为 28 nm，从而使客户能够针对某个特定 7 系列产品创建设计方案，在无需进行重新设计的情况下进一步将此设计方案无缝移植到其他 7 系列产品上。已开发超低成本系统的客户可充分利用这种可移植性将设计系统进行扩展，以满足更高性能和更高容量的需求。同样，已开发高性能系统的客户也能将 Virtex-7 FPGA 设计移植到 Kintex-7 或 Artix-7 FPGA 上，从而轻松创建成本更低的系统版本。

　　Artix-7 系列是 Xilinx 公司针对成本敏感型应用推出的 FPGA 芯片，各型号包含的具体资源如表 2-1 所示。

　　Artix-7 具有以下特点：

- 单位逻辑单元功耗最低；
- DDR3、DSP、并行和串行 I/O 具最佳性能；
- 低成本、最小尺寸封装；
- 广泛的高性价比 All Programmable 低端产品系列。

表 2-1　Artix-7 系列部分型号包含的资源

部分型号	XC7A15T	XC7A35T	XC7A50T	XC7A75T	XC7A100T	XC7A200T
逻辑单元个数	16 640	33 280	52 160	75 520	101 440	215 360
Slice 个数	2600	5200	8150	11 800	15 850	33 650
CLB 触发器个数	20 800	41 600	65 200	94 400	126 800	269 200
最大分布式 RAM(KB)	200	400	600	892	1188	2888
Block RAM/FIFO w/ECC(36 KB)	25	50	75	105	135	365
Block RAM 总数 (KB)	900	1800	2700	3780	4860	13 140
CMTs(1 MMCM+1 PLL)	5	5	5	6	6	10
单端 I/O 最大值	250	250	250	300	300	14 500
最大差分 I/O 对	120	120	120	144	144	240
DSP Slice	45	90	120	180	240	740
PCIe Gen1(2)	1	1	1	1	1	1
模拟会和信号 (AMS)/XADC	1	1	1	1	1	1
配置 AES/HMAC 模块	1	1	1	1	1	1
GTP 收发器(最大 速率 6.6 Gb/s)	4	4	4	5	5	16

2.2　Xilinx FPGA EGo1 口袋实验平台简介

Xilinx FPGA EGo1 口袋实验平台是依元素科技(Xilinx 大学计划大中华区官方服务企业)联合上海交通大学电工电子实验中心,针对中国式教育在国内本地化校企合作的重要实践成果。该开发平台主要围绕 Xilinx 公司 Artix-7 FPGA 芯片搭建,搭载 Flash 与 SRAM 存储器以及 VGA、音频、AD/DA 以及蓝牙等丰富的接口外设,为 FPGA 和数字电路设计学习者提供了一个完整的、现成可用的开发平台。高校师生用户可以使用 Xilinx 大学计划免费提供的 Vivado 开发工具以及相关学习资源进行学习和研究。该实验平台提供了丰富的硬件外设与电路模块，可以完成从基本逻辑到复杂控制器的设计。

1. 功能特点

Artix-7 是 Xilinx 28 nm FPGA 系列之一，它采用小型化封装、统一的 7 系列架构。相对于 Spartan-6 系列而言，Artix-7 系列功耗降低了一半，成本降低了 35%。

该开发平台采用的芯片型号为 XC7A35T，其主要包含的资源如下：

- 5200 个 Slice(每个 Slice 包含四个 6-input LUT 和 8 个触发器)；
- 1800 Kb 的 Block RAM；
- 5 个时钟管理模块(CMT)，每个都带有一个锁相环(PLL)；
- 90 个 DSP Slice；
- 内部时钟频率超过 450 MHz；
- 片上模/数转换器(XADC)；

围绕 Xilinx Artix-7 FPGA 主芯片，该平台提供了一些相关的用户输入输出接口以及外围设备，具体包含以下外设与接口：

- 时钟晶振：100 MHz。
- 配置接口：USB-JTAG 接口。
- 存储器：

  SRAM：2 Mb；

  SPI Flash：可用于 FPGA 配置。
- 通用用户 I/O 接口：

  16 个拨码开关；

  16 个 LED 灯；

  5 个按键；

  通用扩展 I/O：32 个。
- 音视频与显示接口：

  8 位 7 段码显示器；

  VGA 视频输出接口；

  Audio 音频接口。
- 通信接口：

  UART：USB 转 UART 接口；

  Bluetooth：蓝牙模块。
- 模拟接口：

  数/模转换 8 bit DAC；

  XADC：2 路 12 bit 1 MSPS(Million Samples per Second)ADC。

2. 实验平台实物图与框图

该实验平台硬件实物如图 2-1 所示，平台结构框图如图 2-2 所示。

图 2-1　平台实物

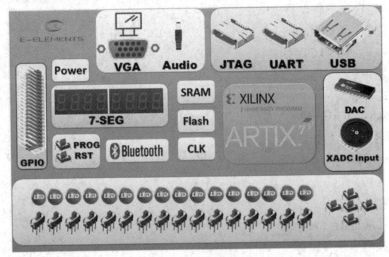

图 2-2　平台框图

2.3　开发板功能详述

2.3.1　电源与时钟

本实验平台通过 USB-JTAG 端口(J22)为板卡供电，提供 5 V 电压，D17 是电源开关指示灯。电源电路的示意图如图 2-3 所示。

平台板载 1 个 100 MHz 的时钟晶振，为系统中 A7 FPGA 提供 100 MHz 的系统时钟信号。该信号由 A7 FPGA 的 Bank 14 的 MRCC(P17)引脚接入 FPGA。输入时钟可以驱动混合模式时钟管理器(MMCM)或 PLL 锁相环产生不同频率的时钟，以及常用相位。

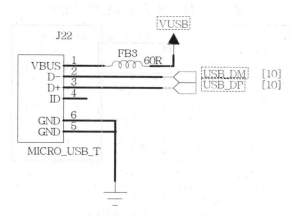

图 2-3　电源电路

2.3.2　基本用户 I/O

平台包含的基本用户 I/O 有 16 个拨动开关、5 个按钮、16 个 LED 灯和一个八位的七段码显示器，其示意框图如图 2-4 所示。为了防止意外短路后损坏 FPGA，拨动开关和按钮通过一系列电阻与 FPGA 相连接。五个集中的呈十字形排列的按钮是"瞬间"开关。也就是说，通常情况下它们一直作为低电平输出，而只有当受到按压后才输出高电平。拨动开关则根据其位置(位于拨上或拨下状态)产生恒定的高、低电平。平台上 16 个独立的 LED 灯分别经过电阻与 FPGA 引脚连接，它们会在其引脚输出到逻辑高电平时被点亮。平台上其他的 LED 灯未向用户提供接口，只用来显示开发板状态，比如电源开关状态、FPGA 编程状态和 USB 端口状态等。

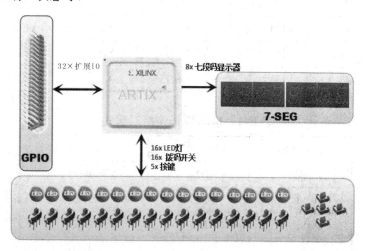

图 2-4　用户 IO 示意图

此外，在平台左侧有两列排针，为用户提供了 32 根引脚的 GPIO 扩展。用户可通过这部分扩展 I/O 自由定制系统的扩展模块，从而完成丰富多样的设计。

平台上用户 I/O 部分与 FPGA 管脚连接关系如表 2-2～表 2-6 所示。

表 2-2　拨码开关信号连接对照表

信号名称	FPGA 引脚	说　明	信号名称	FPGA 引脚	说　明
SW0	P5	拨码开关第 0 位	SW8	U3	拨码开关第 8 位
SW1	P4	拨码开关第 1 位	SW9	U2	拨码开关第 9 位
SW2	P3	拨码开关第 2 位	SW10	V2	拨码开关第 10 位
SW3	P2	拨码开关第 3 位	SW11	V5	拨码开关第 11 位
SW4	R2	拨码开关第 4 位	SW12	V4	拨码开关第 12 位
SW5	M4	拨码开关第 5 位	SW13	R3	拨码开关第 13 位
SW6	N4	拨码开关第 6 位	SW14	T3	拨码开关第 14 位
SW7	R1	拨码开关第 7 位	SW15	T5	拨码开关第 15 位

表 2-3　LED 灯信号连接对照表

信号名称	FPGA 引脚	说　明	信号名称	FPGA 引脚	说　明
Led0	F6	LED 灯第 0 位	Led8	K1	LED 灯第 8 位
Led1	G4	LED 灯第 1 位	Led9	H6	LED 灯第 9 位
Led2	G3	LED 灯第 2 位	Led10	H5	LED 灯第 10 位
Led3	J4	LED 灯第 3 位	Led11	J5	LED 灯第 11 位
Led4	H4	LED 灯第 4 位	Led12	K6	LED 灯第 12 位
Led5	J3	LED 灯第 5 位	Led13	L1	LED 灯第 13 位
Led6	J2	LED 灯第 6 位	Led14	M1	LED 灯第 14 位
Led7	K2	LED 灯第 7 位	Led15	K3	LED 灯第 15 位

表 2-4　按键信号连接对照表

信号名称	FPGA 引脚	说　明
S0	R11	右侧按键
S1	R17	下侧按键
S2	R15	居中按键
S3	V1	左侧按键
S4	U4	上侧按键
FPGA_PROG_B	P9	配置按键
FPGA_RESET	P15	复位按键

表 2-5　七段码显示器信号连接对照表 1

信号名称	FPGA 引脚	说　明	信号名称	FPGA 引脚	说　明
LED0_CA	B4	数码管 0a 段	LED_BIT1	C2	第一个数码管位选信号
LED0_CB	A4	数码管 0b 段	LED_BIT2	C1	第二个数码管位选信号
LED0_CC	A3	数码管 0c 段	LED_BIT3	H1	第三个数码管位选信号
LED0_CD	B1	数码管 0d 段	LED_BIT4	G1	第四个数码管位选信号
LED0_CE	A1	数码管 0e 段			
LED0_CF	B3	数码管 0f 段			
LED0_CG	B2	数码管 0g 段			
LED0_DP	D5	数码管 0h 段			

表 2-6　七段码显示器信号连接对照表 2

信号名称	FPGA 引脚	说　明	信号名称	FPGA 引脚	说　明
LED1_CA	D4	数码管 1a 段	LED_BIT5	G1	第五个数码管位选信号
LED1_CB	E3	数码管 1b 段	LED_BIT6	F1	第六个数码管位选信号
LED1_CC	D3	数码管 1c 段	LED_BIT7	E1	第七个数码管位选信号
LED1_CD	F4	数码管 1d 段	LED_BIT8	G6	第八个数码管位选信号
LED1_CE	F3	数码管 1e 段			
LED1_CF	E2	数码管 1f 段			
LED1_CG	D2	数码管 1g 段			
LED1_DP	H2	数码管 1h 段			

2.3.3　板载存储

　　开发板包含了一个 128 Mb 的非易失性存储 Flash，它通过专用的 Quad-mode(x4) SPI 总线连接到 Artix-7 FPGA 芯片。SPI-Flash 部分电路如图 2-5 所示。FPGA 配置文件可以写入这个串口 Flash(型号 N25Q32A)中，通过模式设置可以使 FPGA 在供电后自动从此设备中读取配置文件。SPI-Flash 对应的管脚连接如表 2-7 所示。

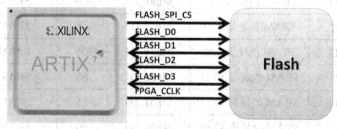

图 2-5　SPI-Flash 电路示意图

表 2-7　SPI-Flash 信号连接对照表

信号名称	FPGA 引脚	说　明	信号名称	FPGA 引脚	说　明
FLASH_D0	K17	信号输入	FLASH_D3	M14	保持
FLASH_D1	K18	信号输出	SPI_CS	L13	片选信号
FLASH_D2	L14	写保护管脚			

此外，板卡搭载一颗 512 K × 16 bit 的 SRAM 存储器，用于提供高速外部缓存。SRAM 的 19 bit 地址总线、16 bit 数据总线以及其他控制信号直接与 FPGA 的 Bank 14 的 I/O 信号相连接。SRAM 部分电路示意框图如图 2-6 所示，SRAM 信号连接如表 2-8 所示。

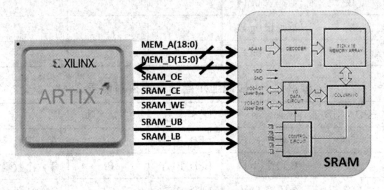

图 2-6　SRAM 电路示意图

表 2-8　SRAM 信号连接对照表

信号名称	FPGA 引脚	说　明	信号名称	FPGA 引脚	说　明
MEM_A0	A3	SRAM 地址第 0 位	MEM_A13	G4	SRAM 地址第 13 位
MEM_A1	A4	SRAM 地址第 1 位	MEM_A14	F3	SRAM 地址第 14 位
MEM_A2	A5	SRAM 地址第 2 位	MEM_A15	F4	SRAM 地址第 15 位
MEM_A3	B3	SRAM 地址第 3 位	MEM_A16	E4	SRAM 地址第 16 位
MEM_A4	B4	SRAM 地址第 4 位	MEM_A17	D3	SRAM 地址第 17 位
MEM_A5	C3	SRAM 地址第 5 位	MEM_A18	H1	SRAM 地址第 18 位
MEM_A6	C4	SRAM 地址第 6 位	MEM_D0	B6	SRAM 数据第 0 位
MEM_A7	D4	SRAM 地址第 7 位	MEM_D1	C5	SRAM 数据第 1 位
MEM_A8	H2	SRAM 地址第 8 位	MEM_D2	C6	SRAM 数据第 2 位
MEM_A9	H3	SRAM 地址第 9 位	MEM_D3	D5	SRAM 数据第 3 位
MEM_A10	H4	SRAM 地址第 10 位	MEM_D4	E5	SRAM 数据第 4 位
MEM_A11	H5	SRAM 地址第 11 位	MEM_D5	F5	SRAM 数据第 5 位
MEM_A12	G3	SRAM 地址第 12 位	MEM_D6	F6	SRAM 数据第 6 位

续表

信号名称	FPGA引脚	说　　明	信号名称	FPGA引脚	说　　明
MEM_D7	G6	SRAM 数据第 7 位	MEM_D14	F1	SRAM 数据第 14 位
MEM_D8	B1	SRAM 数据第 8 位	MEM_D15	G1	SRAM 数据第 15 位
MEM_D9	C1	SRAM 数据第 9 位	SRAM_OE	A2	SRAM OE 信号
MEM_D10	C2	SRAM 数据第 10 位	SRAM_CE	B5	SRAM CE 信号
MEM_D11	D2	SRAM 数据第 11 位	SRAM_WE	G5	SRAM WE 信号
MEM_D12	E2	SRAM 数据第 12 位	SRAM_UB	B2	SRAM UB 信号
MEM_D13	F2	SRAM 数据第 13 位	SRAM_LB	A1	SRAM LB 信号

2.3.4　USB 接口(USB-JTAG/USB-UART 与 USB-PS/2)

该平台板上具有三个 USB 连接器,其中两个 Micro-USB 连接器分别为 USB-JTAG(J22)以及 USB-UART(J8)接口,另外一个 USB 为 USB-PS/2 接口,可用于连接鼠标、键盘等设备。USB-JTAG、USB-UART 以及 USB-PS/2 接口连接与使用示意图如图 2-7 所示。

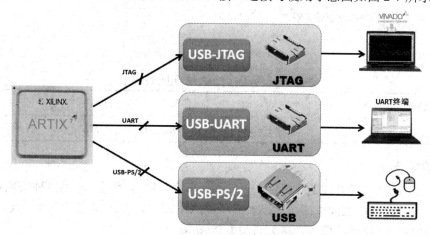

图 2-7　USB 接口示意图

1. USB-UART 接口

该平台串口将一个 CP2102 芯片作为 USB-UART 转换器(连接到接口 J8),因此用户在 PC 端串口终端软件可以通过标准的 Windows COM 端口指令与 FPGA 进行串口通信。用户可以通过虚拟 COM 端口软件,将 USB 数据包转换为串口数据,与 FPGA 通过二线串行端口(TXD/RXD)进行串口数据通信。安装驱动程序后,可以使用 I/O 命令从电脑的 COM 端口发送串行数据流到 FPGA 的 T4 和 N5 引脚。

2. USB-PS/2 接口

该平台板上搭载 USB 协议转换芯片,可完成 USB 与 PS/2 接口的转换。通过该部分 USB 接口电路,用户可将鼠标或键盘等设备接入 FPGA。

3. USB-JTAG 接口

该平台板搭载 FPGA 配置电路，用户无需再另外购买外置 Xilinx FPGA 下载器，可非常方便地直接采用 USB 线缆连接板卡与 PC 的 USB 接口，通过 Xilinx 的配置软件(如 Vivado)完成对板卡的配置。

2.3.5　音视频接口

平台上搭载了一个 3.5 mm 的音频输出接口和一个 VGA 视频输出接口。

1. 音频接口

音频接口采用两片 AD8591ART 模/数转换芯片，将声音模拟信号转换成相应的数字电平信号。音频接口示意图如图 2-8 所示，信号连接关系如表 2-9 所示。

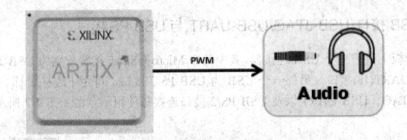

图 2-8　音频接口示意图

表 2-9　音频接口信号连接对照表

信号名称	FPGA 引脚	说　明	信号名称	FPGA 引脚	说　明
AUDIO_PWM	T1	音频 PWM 信号	AUDIO_SD	M6	音频 SD 信号

2. 视频接口

视频接口是一个 DB15 的 VGA 接口，采用 14 位 FPGA 信号，其中每种颜色 4 位，共 12 位，剩余 2 位为标准同步信号，即水平同步信号 HS 与竖直同步信号 VS。VGA 接口连接示意图如图 2-9 所示，信号连接关系如表 2-10 所示。

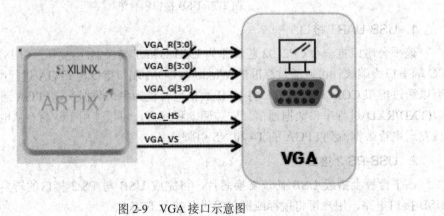

图 2-9　VGA 接口示意图

表 2-10　视频接口信号连接对照表

信号名称	FPGA 引脚	说　明	信号名称	FPGA 引脚	说　明
VGA_R0	F5	VGA 红基色 0 位	VGA_G3	D8	VGA 绿基色 3 位
VGA_R1	C6	VGA 红基色 1 位	VGA_B0	C7	VGA 蓝基色 0 位
VGA_R2	C5	VGA 红基色 2 位	VGA_B1	E6	VGA 蓝基色 1 位
VGA_R3	B7	VGA 红基色 3 位	VGA_B2	E5	VGA 蓝基色 2 位
VGA_G0	B6	VGA 绿基色 0 位	VGA_B3	E7	VGA 蓝基色 3 位
VGA_G1	A6	VGA 绿基色 1 位	VGA_HS	D7	VGA 行同步信号
VGA_G2	A5	VGA 绿基色 2 位	VGA_VS	C4	VGA 列同步信号

2.3.6　蓝牙接口

平台上还搭载了蓝牙接口，在板卡的背面连接有一个蓝牙模块。该蓝牙模块采用的是美国 TI 公司 CC2541 型芯片，其配置了 256 KB 存储空间，遵循 V4.0 BLE 蓝牙规范。该模块支持 UART 接口，并支持 SPP 蓝牙串口协议，具有成本低、体积小、功耗低、收发灵敏等优点。蓝牙与芯片之间连接示意图如图 2-10 所示，其信号连接关系如表 2-11 所示。

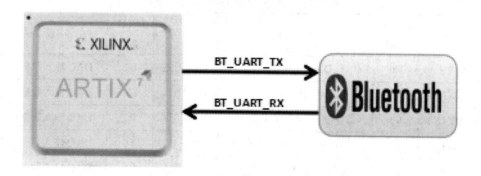

图 2-10　蓝牙接口示意图

表 2-11　蓝牙模块信号连接对照表

信号名称	FPGA 引脚	说　明	信号名称	FPGA 引脚	说　明
BT_TX	L3	蓝牙发送端	BT_P0_7	H15	蓝牙配置端口 P0_7
BT_RX	N2	蓝牙接收端	BT_P0_6	C16	蓝牙配置端口 P0_6
BT_SDA	N1	蓝牙串行总线	MCU_IN	C17	蓝牙 MCU 输入端
BT_SCL	M3	蓝牙串行时钟线	BT_P1_3	E18	蓝牙配置端口 P1_3
BT_RESET	M2	蓝牙复位	FPGA_BT_3V3	D18	蓝牙电源端

2.3.7　A/D 和 D/A 模块

平台上的 FPGA 内部集成有双 12 位 1MSPS A/D 转换器 XADC，可完成对 FPGA 片上以及外部模拟信号的采样。用户可通过电位器给 XADC 提供模拟量输入，也可以通过 GPIO 扩展 I/O 来接入外界模拟量(注：并非全部 GPIO 都可用于模拟输入)。平台上的 D/A 芯片为 8 位的 DAC0832 数/模转换芯片，用户可通过这部分电路输出模拟量。平台上的 A/D 和 D/A 模块示意图如图 2-11 所示，其信号连接关系如表 2-12 所示。

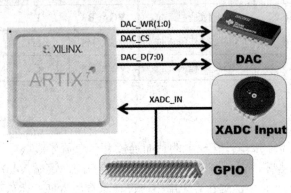

图 2-11　A/D 和 D/A 模块连接示意图

表 2-12　蓝牙模块信号连接对照表

信号名称	FPGA 引脚	说　明	信号名称	FPGA 引脚	说　明
DAC_CS	N6	DAC 片选信号	DAC_D5	U7	DAC 输入数据第 5 位
DAC_WR2	R6	写信号 2(低电平有效)	DAC_D4	U6	DAC 输入数据第 4 位
DAC_BYTE2	R5	寄存器允许(高电平有效)	DAC_D3	R7	DAC 输入数据第 3 位
DAC_XFER	V7	传送控制信号(低电平有效)	DAC_D2	T6	DAC 输入数据第 2 位
DAC_WR1	V6	写信号 1(低电平有效)	DAC_D1	R8	DAC 输入数据第 1 位
DAC_D7	U9	DAC 输入数据第 7 位	DAC_D0	T8	DAC 输入数据第 0 位
DAC_D6	V9	DAC 输入数据第 6 位			

第 3 章　软件设计平台

掌握软件的使用方法对于项目的设计、优化以及提高设计效率很有帮助。目前用于 FPGA 开发的软件工具有很多种，如 Xilinx 公司的 ISE 和 Vivado、Altera 公司的 Quartus II 等。本章主要介绍 Xilinx 公司 Vivado 开发软件的使用。

3.1　Vivado 介绍与安装

3.1.1　Vivado 软件简介

Vivado 是 Xilinx 公司于 2012 年发布的最新的 FPGA 设计环境，它是继 ISE 后新一代的 FPGA 集成开发环境，具有诸多以往设计工具无法达到的优点和性能。相对于 ISE，Vivado 无论是在设计环境上还是在设计方法上都发生了重要的变化。在满足新一代 FPGA 设计需求方面，Vivado 比 ISE 更优越。Vivado 是帮助用户实现设计的理想系统设计工具，其具有诸多新特性与优势：
- 可让用户进一步提升器件密度；
- 可提供稳健可靠的性能以及可预测的结果，降低功耗；
- 可提供更佳的运行时间和存储器利用率；
- Vivado HLS 能够让用户用 C、C++ 或 SystemC 语言编写的描述快速生成 IP 核；
- MathWorks 提供的 MATLAB 工具可支持基于模型的 DSP 设计集成；
- IP 集成器突破 RTL 的设计生产力制约；
- 集成设计环境为设计和仿真提供统一的集成开发环境；
- 设计套件提供综合而全面的硬件调试功能；
- Vivado HLS 使用 C、C++ 或 SystemC 语言可将验证速度提高 100 倍以上。
- 最新发布的 Vivado 设计套件可提供全新的超高生产力设计方法和新一代基于 C/C++ 和 IP 的设计。结合最新 UltraFast 高级生产力设计方法指南，相比采用传统方法而言，用户可将生产力提升 10～15 倍。

本章将重点讲述 Vivado 集成开发环境的具体使用方法，以便读者更好地使用 Vivado 软件进行 FPGA 设计。

3.1.2　Vivado 的安装

1. 软件的获取

(1) 打开网页浏览器，在地址栏输入 http://www.xilinx.com，并按回车。

(2) 单击技术支持(SUPPORT)页面，在出现的下拉列表中单击下载与许可(Downloads & Licensing)，跳转到 Downloads 页面(http://china.xilinx.com/support/ download.html)，如图 3-1 所示。

图 3-1　Vivado 下载页面

(3) 选择 Vivado 工具对应的版本后，再选择对应操作系统下的安装包进行下载，如 Vivado 201x.x Full Image for Windows with SDK。此处应注意的是，Vivado 不同版本的工具对操作系统的支持不同，如 Vivado 从 2015 年 1 月开始不再支持 32 bit 的操作系统与 Red Hat5 操作系统，具体情况如图 3-2 所示。

OS	Bits	Release				
		2014.4	2015.1	2015.3	2016.1	2016.3
Windows 7	32					
Windows 7	64					
Windows 8.1	64					
Windows 10	64					
RHEL 5	32/64					
RHEL 6	32					
RHEL 6	64					
RHEL 7	64					
SUSE EL		V11 32/64		V12 64-bit Only		
Cent OS	64	V6		V7		
Ubuntu	64					

图 3-2　Vivado 工具对操作系统的支持情况

(4) 单击 Vivado 201x.x Full Image for Windows with SDK，页面跳转到 Sign in to Download File 界面，输入账户和密码进行登录。如果没有账户则可以根据提示注册一个账户。登录后会出现 Download Center，这个页面会显示账户的相关信息。单击 Next 按钮，开始下载。

2. 软件的安装

(1) 双击之前下载的 xsetup.exe 程序，进入 Vivado 安装的欢迎界面。

(2) 若检测到当前已有更新版本安装包则会弹出 A Newer Version Is Available 提示对话框，如图 3-3 所示。单击 Get Latest 可获得 Vivado 的最新版本，单击 Continue 继续安装此版本。Vivado 不同版本的安装过程比较相似，单击 Continue，然后单击 Next，进行此版本的安装。

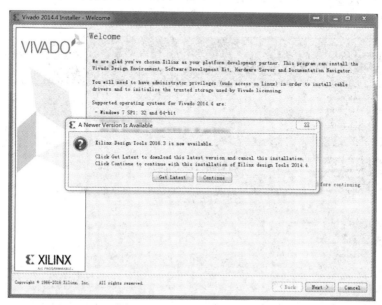

图 3-3　Vivado 软件欢迎界面

(3) 出现 Accept License Agreements 对话框，如图 3-4 所示。勾选所有的 I Agree 复选框，然后单击 Next 按钮。

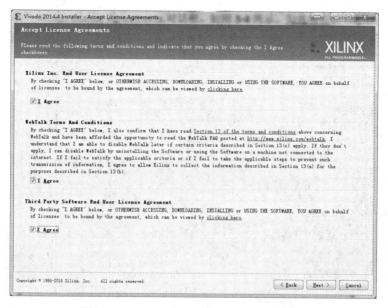

图 3-4　Accept License Agreements 对话框

(4) 出现 Select Edition to Install 对话框，如图 3-5 所示。在这里可以选择免费的 Vivado WebPACK 版本，高校师生用户也可通过 Xilinx 大学计划申请正版 Vivado 的许可证文件来安装 Vivado 的其他版本。不同 Vivado 版本的区别如图 3-6 所示。Vivado WebPACK 版本支持 Vivado 工具绝大部分的功能，支持的 Xilinx FPGA 器件包含 Artix$^®$-7 (7A35T - 7A200T)、Kintex$^®$-7 (7K70T, 7K160T) 与 Zynq$^®$-7000 (XC7Z7010 - XC7Z7030)，可以满足高校教学以及一般研究用途的使用需求。此处选择全功能的 Vivado System Edition 来演示安装步骤，然后单击 Next 按钮。

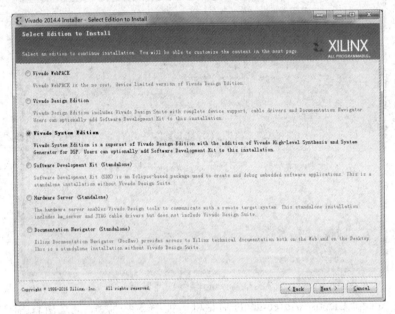

图 3-5　Select Edition to Install 对话框

Vivado Design Suite - HLx Edition Features	Vivado HL Design Edition	Vivado HL System Edition	Vivado Lab Edition	Vivado HL WebPACK (Device Limited)	Free 30-day Evaluation
Accelerating Implementation					
Synthesis and Place and Route	✓	✓		✓	✓
Partial Reconfiguration *	✓	✓		✓	✓
Accelerating Verification					
Vivado Simulator	✓	✓		✓	✓
Vivado Device Programmer	✓	✓	✓	✓	✓
Vivado Logic Analyzer	✓	✓	✓	✓	✓
Vivado Serial I/O Analyzer	✓	✓	✓	✓	✓
Debug IP (ILA/VIO/IBERT)	✓	✓		✓	✓
Accelerating High Level Design					
Vivado High-Level Synthesis	✓	✓		✓	✓
Vivado IP Integrator	✓	✓		✓	✓
System Generator for DSP		✓			✓

图 3-6　Vivado 版本区别

（5）出现 Vivado System Edition 对话框，如图 3-7 所示。此处，需要注意的是 Xilinx 的 Vivado SDK 是默认没有勾选的，如设计中用到了 Xilinx 的软核 CPU 或 ZYNQ 系列器件，则需要勾选 Software Development Kit 选项。单击 Next 按钮。

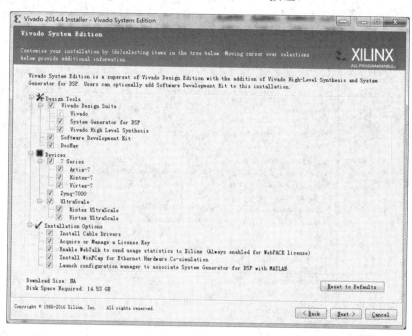

图 3-7　Vivado System Edition 对话框

（6）出现 Select Destination Directory 对话框，如图 3-8 所示。在这里可以设置安装路径以及在开始菜单中的名字。设置安装路径为 D:\Xilinx，其他设置保持默认。单击 Next 按钮。

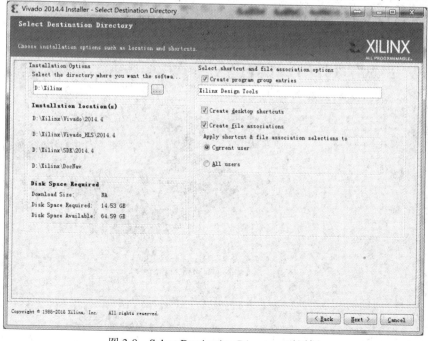

图 3-8　Select Destination Directory 对话框

(7) 出现 Installation Summary 对话框，如图 3-9 所示。在对话框中可以查看安装选项。单击 Install 按钮进行安装。出现如图 3-10 所示的对话框。

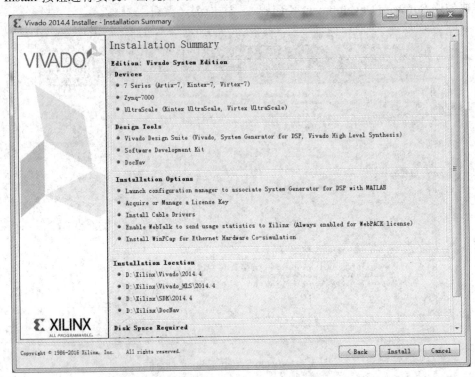

图 3-9　Installation Summary 对话框

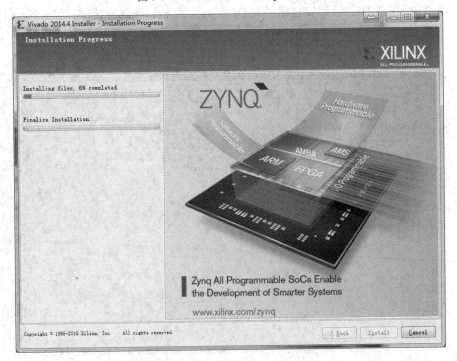

图 3-10　Installation Progress 对话框

(8) 在安装的过程中，会出现 Select a MATLAB 对话框，Vivado 工具会请求用户完成与对应 MATLAB 工具的匹配。Vivado 工具会自动检测个人电脑所安装的 MATLAB 并进行显示，如图 3-11 所示。也可以单击 Find MATLAB 按钮查找个人电脑上已安装的 MATLAB。如果在设计中并没有使用到 Xilinx 的 System Generator 功能，则在此可直接单击 OK 按钮，跳过 MATLAB 的配置。

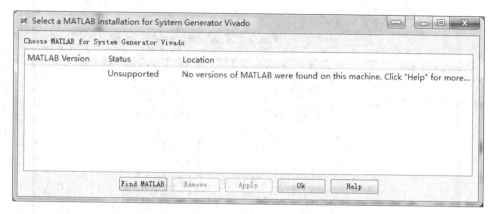

图 3-11　MATLAB 匹配对话框

(9) 接下来会出现如图 3-12 所示的对话框，提示安装完成，单击确定按钮完成安装。

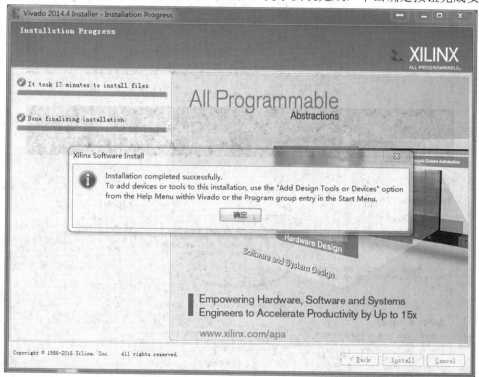

图 3-12　安装完成提示

(10) 安装 License。软件安装完成后会出现 Vivado License Manager 对话框，如图 3-13 所示。展开 Get License，单击 Get License 下的 Load License 选项，然后在右侧单击 Copy License 按钮，在出现的文件选择器中选中已获得的 License 文件，再单击打开按钮，License

安装成功。用户可以从 Xilinx 官网的许可解决方案中心申请获取 WebPACK 版本的 License 许可证文件,如图 3-14 所示,具体步骤不再赘述。高校师生用于教学以及科研用途的 Vivado 工具的许可证文件也可通过 Xilinx 大学计划进行申请。

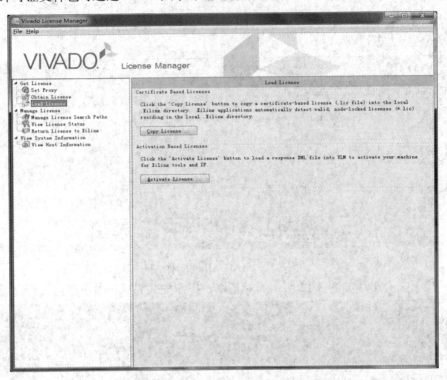

图 3-13　Vivado License Manager 对话框

图 3-14　Xilinx 许可证申请页面

至此，Vivado 工具安装成功，桌面上会出现 Vivado 相关工具的快捷键，如图 3-15 所示。

图 3-15　软件快捷键

3.2　Vivado 基本开发流程

3.2.1　流程概述

一般一个完整的 FPGA 逻辑设计的流程如图 3-16 所示，可归纳为以下几个主要步骤：

(1) 系统规划 IP 与 HDL 设计：完成设计输入；

(2) 设计的综合：借助设计工具将设计输入源文件推演出电路网表；

(3) 网表链接与约束应用：完成整个设计网表的链接以及设计的约束；

(4) 设计布局：根据设计网表文件以及约束文件，将电路网表中使用的资源映射到具体选用的 FPGA 器件的内部资源上；

(5) 设计布线：针对用户对设计的约束，完成对设计的布线连接；

(6) 静态时序分析：通过静态时序分析的方式，完成对设计的时序性能的评估；

(7) 生成配置文件：生成最终对 FPGA 芯片的配置文件。

图 3-16　FPGA 设计流程

　　同样地,使用Vivado集成开发环境来进行FPGA的设计开发也包含上述这些基本流程。本节针对 FPGA 设计主要阶段中的 Vivado 集成开发环境特性进行简要说明,以便于读者能够在开始使用 Vivado 工具之前对其有一个初步的整体认识。

　　首先,在系统规划与设计输入阶段,在 Vivado 环境下用户可以采用多种不同形式的设计输入,如图 3-17 所示。

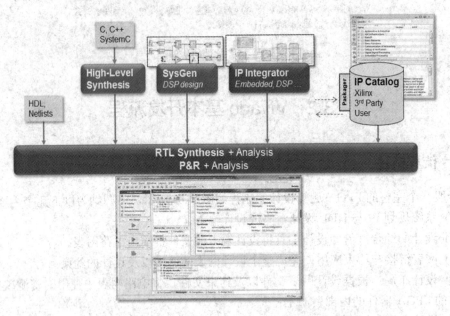

图 3-17　Vivado 支持的设计输入方法

　　(1) 采用最普遍的 HDL,如 VHDL、Verilog HDL 和 System Verilog 等硬件描述语言以及调用相关 IP 核或网表的方式进行 FPGA 设计,如图 3-18 所示。

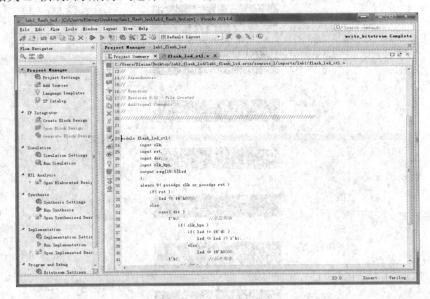

图 3-18　HDL 设计方式

　　(2) 采用 Vivado 带来的 IP 集成器的方式使用 IP 搭建设计。用户可以使用 Xilinx 与第三方公司提供的 IP 核以及用户自定义的 IP 核来搭建设计。Vivado IP 集成器工具的界面如图 3-19 所示。

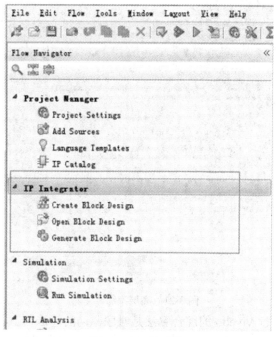

图 3-19　IP 集成器

(3) 采用 Simulink 工具中模块化的方式搭建设计，即使用 Vivado System Generator 工具，如图 3-20 所示。一般使用这种方式搭建 DSP 算法。

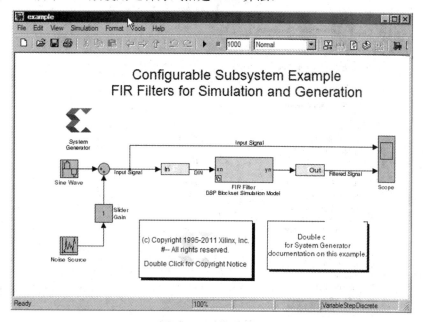

图 3-20　系统生成器

(4) 对于不熟悉 HDL 的软件工程师，甚至可以采用 HLS 高层次综合工具，如图 3-21 所示。采用 HLS 工具设计时，可以使用 C/C++等高级语言来直接进行 FPGA 设计。

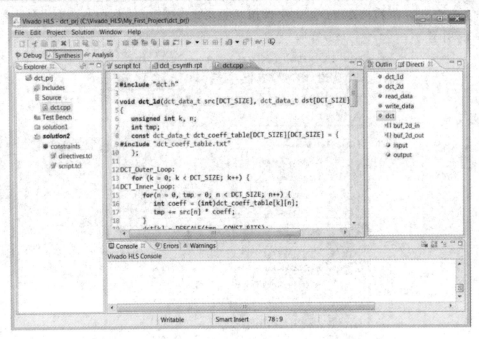

图 3-21　高层次综合工具

在设计的综合阶段，Vivado 的综合算法是时序驱动的算法，它会综合考虑设计的时序、布线长度与拥塞程度来进行设计的综合。在 Vivado 工具中也提供了诸多综合选项，用户可以通过这些选项来对综合结果进行一定程度的控制，如图 3-22 所示。

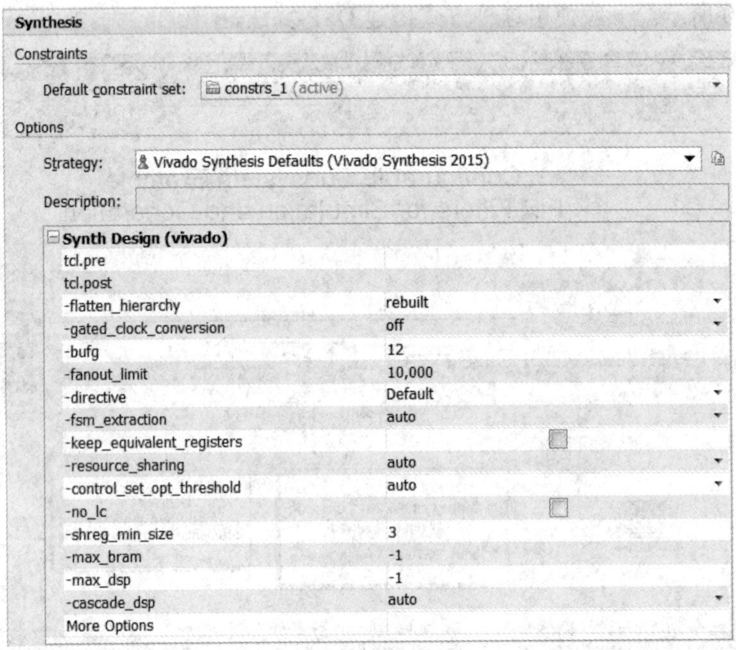

图 3-22　综合选项

在设计综合结束之后，可以通过约束编辑器来完成对设计的时序约束以及物理约束。另外，可以通过 Vivado 工具产生对设计的分析报告。通过这些报告，可以详细地了解到综合后的设计细节。

在设计综合结束之后，设计者可检查相关报告，若没有发现异常或与设计意图不一致的地方，则可以进行后续设计实现的步骤。Vivado 的实现部分又可以细分为设计链接、功耗优化、物理优化、布局、布线等若干个子环节。在设计实现完成后，与综合类似，设计者可以查看设计实现的结果以及各项报告，如图 3-23 所示。工具给出的设计实现阶段后的报告内容，相较综合后的报告内容更为精准。

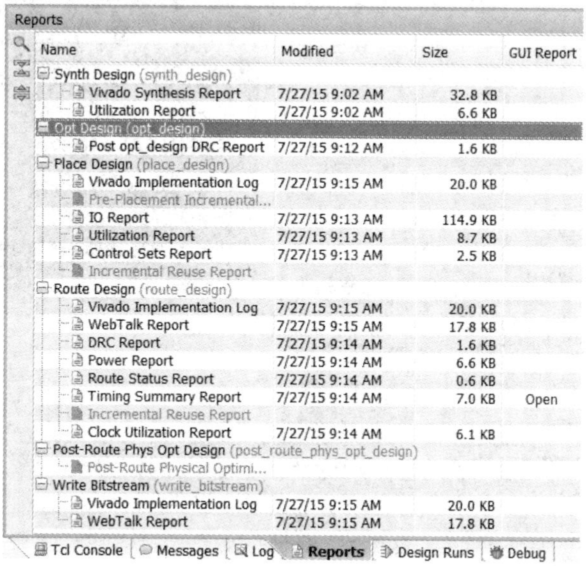

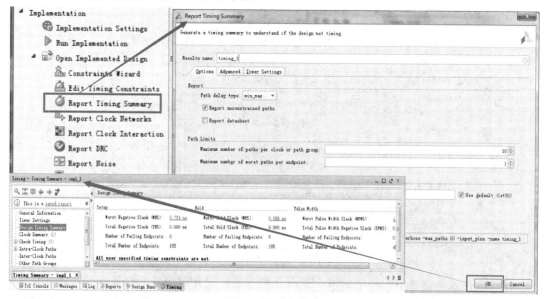

图 3-23　设计报告

在实现阶段后的静态时序分析也可以直接反映设计的性能，如图 3-24 所示。可以通过此时的时序分析来完成对设计时序的掌控。

图 3-24　时序报告

接下来，设计者可以通过 Vivado 生成对 FPGA 芯片的配置文件。接着可使用 Vivado

集成的硬件管理器通过 JTAG 等方式与 FPGA 芯片连接，并完成对芯片的配置，如图 3-25 所示。

至此，设计就在 FPGA 芯片中完全构建起来了。

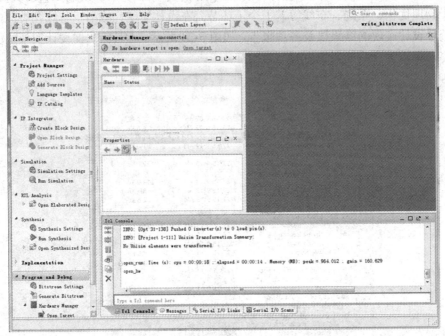

图 3-25　硬件管理器

另外，Vivado 还集成了在线硬件调试功能，它类似于一个在线的逻辑分析仪，如图 3-26 所示。在完成器件配置后，用户可以在设计中调用在线逻辑分析仪 ILA IP 核，通过 Vivado 工具抓取 FPGA 内部信号来进行观测以及设计调试。

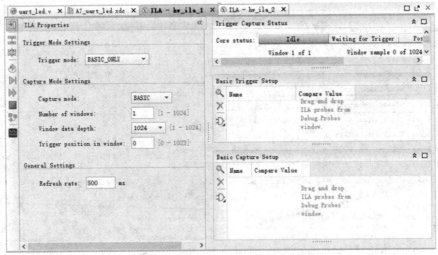

图 3-26　硬件调试界面

此外，在设计流程中的多个阶段，如设计输入后、设计综合前后以及设计实现前后，用户均可以使用 Vivado 的仿真工具来针对设计进行软件仿真，如图 3-27 所示。用户可以在设计输入后进行设计的功能仿真，也可以在设计综合前后或实现前后进行某个阶段的时序仿真。

图 3-27　设计仿真

3.2.2　启动 Vivado

这里介绍两种启动 Vivado 集成开发环境的方法。

(1) 快捷键启动软件。软件安装完毕后会在桌面建立快捷键，如图 3-15 所示。双击 Vivado 图标即可启动 Vivado 软件。

(2) 从开始菜单中启动软件，即点击开始→所有程序→Xilinx Design Tools→Vivado 201x.x→Vivado 201x.x。

3.2.3　使用 Vivado 创建 FPGA 设计工程

使用 Vivado 工具来进行 FPGA 设计可以使用两种不同的模式：工程模式和非工程模式。工程模式和其他诸多程序设计环境类似，所有的设计源文件以及设计编译过程中的文件均以一个工程方式来进行管理；而非工程模式则没有这种"工程"的概念，用户在非工程模式下需要手动指定设计源文件，并在设计编译的整个过程中完全操控设计流程以及设计文件。非工程模式可以让用户具有最高自由度，可以完全掌控整个设计流程，可以做到最精细化的流程控制。而相对于非工程模式，工程模式更加简单易用，用户甚至可以通过 Vivado 工具界面的按钮"一键完成"整个设计的主要编译流程。除此之外，工程模式下也更容易组织源代码以及进行语法检测等。一般情况下使用工程模式居多，而只有在少数需要精细化流程控制或超大规模 FPGA 设计等场合才会使用非工程模式。

因此，针对初学者我们推荐使用工程模式，本书将重点介绍 Vivado 的工程模式设计流程。这里以一个简单的 FPGA 逻辑设计(多路选择器)为例讲解 Vivado 在工程模式下的设计流程。

创建设计工程的步骤主要包括：

(1) 打开 Vivado 集成开发环境，进入 Vivado 启动界面，如图 3-28 所示。

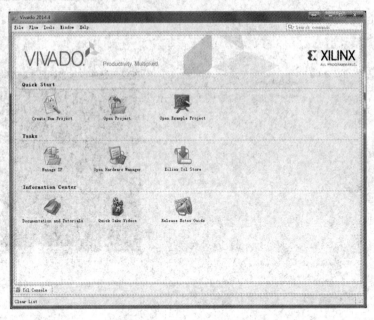

图 3-28　Vivado 启动界面

Vivado 的启动界面分为 Quick Start、Tasks、Information Center 三组快速入口。Quick Start 组包含 Create New Project(创建新的工程)、Open Project(打开工程)、Open Example Project(打开实例工程)。Tasks 组包含 Manage IP(管理 IP)、Open Hardware Manager(打开硬件管理器)、Xilinx Tcl Store。Information Center 组包含 Documentation and Tutorials(文档和教程)、Quick Take Videos(快速上手视频)、Release Notes Guide(发布注释向导)。

在这里单击 Quick Start 组的 Create New Project 来新建一个 Vivado 设计工程。

(2) 打开创建新工程的向导，出现 Create a New Vivado Project 对话框，如图 3-29 所示。单击 Next 按钮。

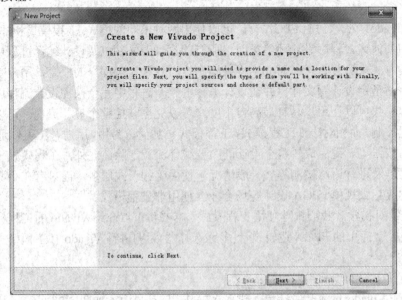

图 3-29　Create a New Vivado Project 对话框

(3) 出现 Project Name 对话框，如图 3-30 所示。填入工程名称以及工程路径，并确定复选框 Create project subdirectory 被勾选。此处需要注意的是，工程路径与工程名一定不能包含空格以及中文字符，否则在后续流程中会出现错误。然后单击 Next 按钮。

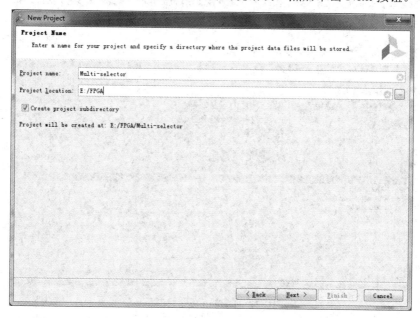

图 3-30 Project Name 对话框

(4) 出现 Project Type 对话框，如图 3-31 所示。Vivado 工具可以创建多种不同类型的工程，如最常使用的 RTL 工程、综合后的网表工程、I/O 规划工程以及导入其他设计工具的工程。这里选择 RTL 类型的工程，可以在创建工程的阶段进行设计文件的添加或创建，也可以在工程创建完成后再进行设计文件的添加或创建。此处勾选下面的复选框 Do not specify sources at this time(不在设计创建阶段进行添加源文件)。单击 Next 按钮。

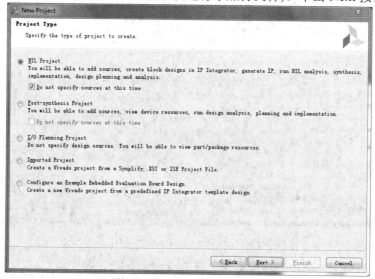

图 3-31 Project Type 对话框

(5) 出现 Default Part 对话框，如图 3-32 所示。这里需要选择设计所用的具体 FPGA 芯片的型号，根据板卡所用 FPGA 的器件系列、封装、速度等级以及温度级别来进行筛选。选择完成后单击 Next 按钮。

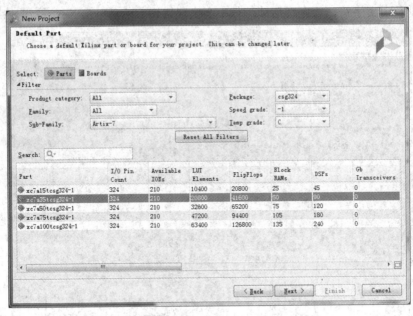

图 3-32　Default Part 对话框

(6) 出现 New Project Summary 对话框，如图 3-33 所示。单击 Finish 按钮，完成工程的创建。

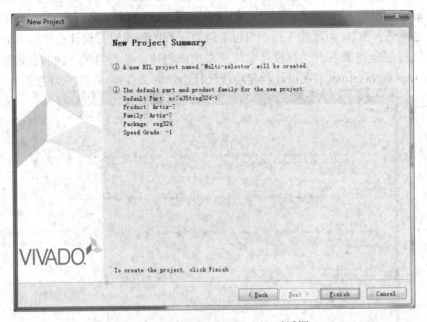

图 3-33　New Project Summary 对话框

(7) 进入 Vivado 工程设计主界面，如图 3-34 所示。设计主界面主要包括：Flow Navigator、Project Manager、Design Runs 等模块。本书将通过下面几个小节来介绍 Vivado 工具的设计界面。

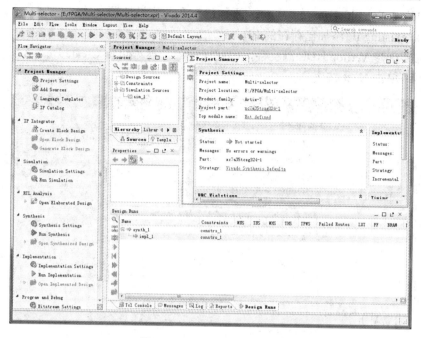

图 3-34　Vivado 设计主界面

3.2.4　添加源文件

在使用 Vivado 工具完成工程的创建之后，可以在 Vivado 中为工程添加源文件。下面通过创建一个 Verilog 源文件来演示该流程。

(1) 在 Flow Navigator 下找到 Project Manager 并展开，单击 Project Manager 下的 Add Sources 选项；或者在 Sources 面板下单击 按钮。Sources 面板如图 3-35 所示。

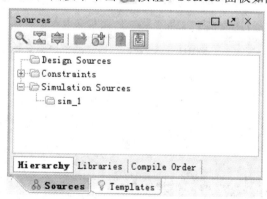

图 3-35　Sources 面板

(2) 出现 Add Sources 对话框，如图 3-36 所示。该对话框界面提供了如下几个选项：

- Add or create constraints(添加或者创建约束)；
- Add or create design sources(添加或者创建设计源文件)；
- Add or create simulation sources(添加或者创建仿真文件)；
- Add or create DSP sources(添加或者创建 DSP 源文件)；

- Add existing block design sources(添加已存在的块设计源文件);
- Add existing IP(添加已存在的 IP)。

在此需要创建 Verilog HDL 源文件，因此选中第二项 Add or Create Design Source 前面的单选按钮。单击 Next 按钮。

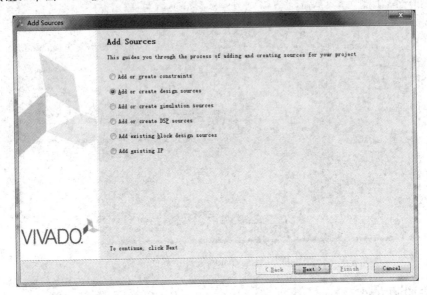

图 3-36　Add Sources 对话框

(3) 出现 Add or Create Design Sources 对话框，如图 3-37 所示。此时，可以通过点击 Add Files…按钮来选择添加本地现有的源文件，或单击 Create File…按钮来创建一个新的源文件。选择 Create File…按钮。

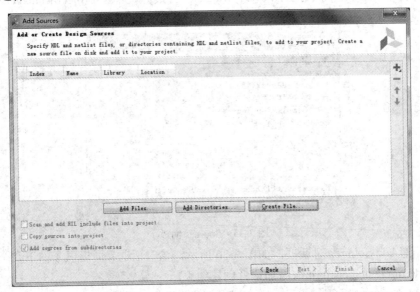

图 3-37　Add or Create Design Sources 对话框

(4) 出现 Create Source File 对话框，如图 3-38 所示。在该对话框中选择文件的类型和输入文件的名字。单击 OK 按钮。

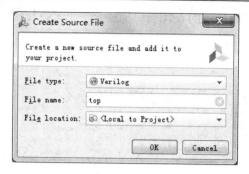

图 3-38　Create Source File 对话框

(5) 在图 3-37 所示的对话框中出现了新添加的 top.vhd 文件。单击图 3-37 界面中的 Finish 按钮。

(6) 出现 Define Module 对话框，可以在此处添加设计源文件中的顶层端口信号，如图 3-39 所示。单击 OK 按钮。

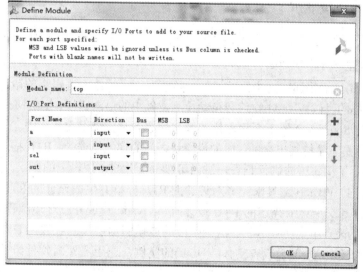

图 3-39　Define Module 对话框

(7) 返回到设计主界面中的 Sources 面板下，出现了新添加的 top.vhd 文件，如图 3-40 所示。

图 3-40　Sources 面板

(8) 双击 Sources 面板下的 top.vhd 文件，可以在主窗口中打开 top.vhd 文件。该文件是之前在新增源文件向导中所描述的设计端口描述。接下来将该源文件补充完整，如下：

```
1      `timescale 1ns / 1ps
2    module top(
3           input a,
4           input b,
5           input sel,
6           output out
7           );
8           assign out = sel ? a : b;
9      endmodule
```

(9) 编辑完成后，保存源文件。

至此源文件添加成功。

3.2.5　RTL 描述与分析

上一节介绍了如何添加、编写源文件，接下来进行下一步——RTL 描述与分析。

1. RTL 描述与分析功能简介

用 Verilog 语言去描述特定电路的时候，可能存在语法或者逻辑上的错误。在编写的过程中(在保存文档的时候)Vivado 软件会自动检测文件中的语法错误，并在 Messages 标记中显示其错误。而且 Sources 面板下会将出错的源文件放到对应错误文件夹中。然而对于逻辑错误，Vivado 软件是无法检测出来的，比如说模块之间的连线错误等。RTL 描述与分析功能可以对工程的 RTL 结构、语法进行查看，进而可以分析并修正逻辑上的错误。

用户可以通过 Vivado 工具来完成对设计的 RTL 分析并生成设计的 RTL 描述与分析结果。当设计者打开一个详细描述的 RTL 设计时，Vivado 集成开发环境编译 RTL 源文件，并且加载 RTL 网表，用于交互分析。这一阶段的原理图由层次的互联网表和通用器件两部分组成。层次为模块(Verilog)或者实体(VHDL)的实例，通用器件为硬件组件，如与逻辑组件、或逻辑组件、缓存组件、多路复用器组件、加法器和比较器等。如图 3-41 所示为模块实例内部结构示例图。

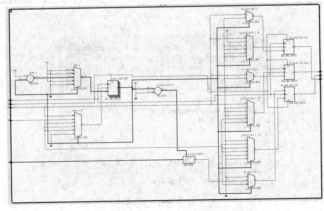

图 3-41　模块实例内部结构示例图

2. RTL 描述和分析过程

(1) 如图 3-42 所示,在 Flow Navigator 下,找到 RTL Analysis 并展开,单击 Elaborated Design,打开 Elaborated Design。

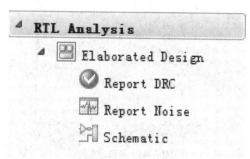

图 3-42　RTL 分析

(2) 单击图 3-42 中的 Schematic,打开 RTL 原理图,如图 3-43 所示。该原理图是依据 HDL 描述生成的,根据该原理图可以查看设计是否达到要求并加以修改。在 Vivado 的设计过程中,用户可以在 RTL 分析、综合、实现阶段后打开设计原理图或设计网表进行观察。这个原理图网表是由与 FPGA 底层部件无关的逻辑符号来体现的。设计者可在后续过程中看到综合阶段后的原理图,此时的原理图中的逻辑元件是由 FPGA 中的底层部件构建的。

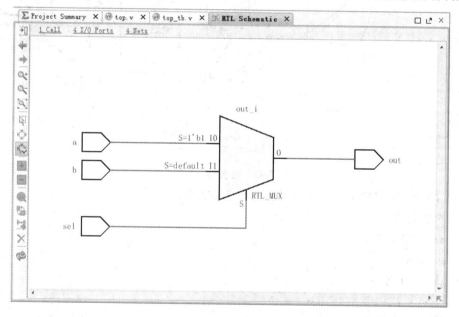

图 3-43　RTL 原理图

(3) 查看 RTL 级网表。如图 3-44 所示,在 Sources 窗口内选择 RTL Netlist 标签,可以看到网表逻辑结构。在 Vivado 中的网表包含四个基本要素:端口(Ports)、连线(Nets)、元件(Cells)和引脚(Pins),如图 3-45 所示。Cells 是一个个组成网表的单元,其输入输出端口称为 Pins,设计顶层的输入输出称为 Ports,Cells 与 Cells 之间的连线以及 Cells 与 Ports 之间的连线称为 Nets。

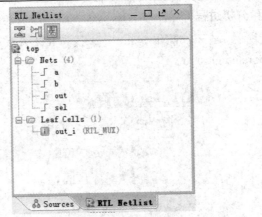

图 3-44　RTL 网表

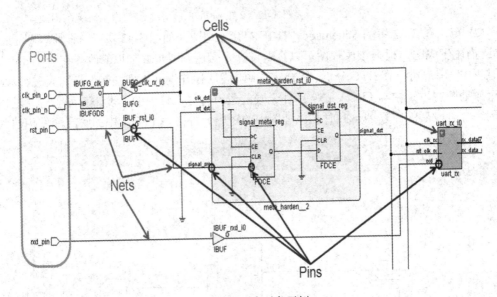

图 3-45　网表对象示例

RTL Netlist 窗口使用如下图标表示网表逻辑状态：

- ⯊：总线；
- ⯊：I/O 总线；
- ⌐：网络；
- ⌐：I/O 网络；
- ▣：层次化单元(逻辑)；
- ▣：层次化单元(黑盒)；
- ☑：层次化单元(分配给一个 Pblock)；
- ☑：层次化单元(黑盒分配给一个 Pblock)；
- ☑：原语单元(分配给一个 Pblock)；
- ☑：原语单元(布局并且分配给一个 Pblock)；
- ▣：原语单元(没有配置布局约束)；
- ▣：原语单元(已配置布局约束)。

3.2.6　行为仿真

　　RTL Analysis 能够非常方便地检查一些语法和逻辑错误，但是设计是否完全满足功能需求还需要通过仿真来验证。如果直接在 FPGA 芯片上测试，可能因为需要多次综合、实现而浪费大量时间，同时很难观察一些内部信号。而使用功能仿真则可以很快地测试出功能是否满足要求，并且避免多次综合、实现的过程。Vivado 工具集成的仿真功能十分强大，具体包括：

- 图形化波形显示窗口，如图 3-46 所示；
- 可通过工具栏按钮添加标尺、测量延时以及波形缩放；
- 总线信号可展开以观察单根信号线；
- 可任意插入分隔线用于分隔相关信号组；
- 控制台窗口可打印 TestBench 中的输出信息；
- 默认自动添加顶层信号的波形显示。

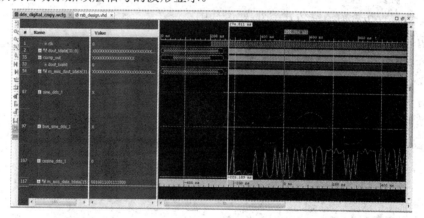

图 3-46　仿真波形

　　本节将讲述如何使用 Vivado 进行设计的功能仿真。

　　首先，在 Vivado 中进行设计仿真，需要用户搭建一个仿真平台(TestBench)，如图 3-47 所示。

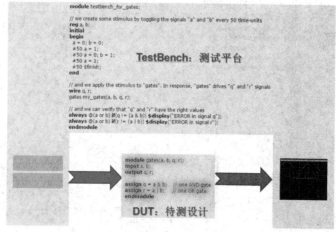

图 3-47　仿真平台

　　TestBench 是指一个虚拟的针对待测设计的验证环境。TestBench 用于向待测设计 (Design Under Test)提供激励，通常也是 HDL 形式的文件。用户也可以在 TestBench 中实现对测试结果的自动检测。通常，一个 TestBench 测试激励文件中可能具有如下部分：

- 内部信号；
- 待测设计的例化；
- 时钟等输入激励信号；
- 输出监视，结果比对；
- 板级部件的仿真模型(如存储器等)。

如图 3-48 所示，Vivado 工程中和仿真相关的设置以及选项如下：

① 选择目标仿真器；
② 选择仿真语言；
③ 选择仿真集；
④ 指定仿真工程顶层文件；
⑤ 重新运行仿真前清空仿真文件(建议选中)；
⑥ 仿真设置选项卡；
⑦ Verilog 包含路径(Compilation 选项卡)；
⑧ Generics/Parameters 位置(Compilation 选项卡)；
⑨ 设置描述区域；
⑩ 帮助按钮。

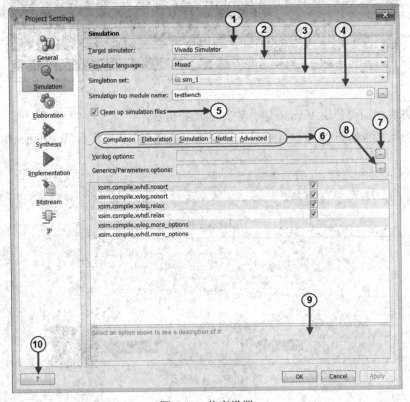

图 3-48　仿真设置

接下来通过具体的流程演示如何在 Vivado 中进行设计的行为仿真。

(1) 创建仿真文件 top_tb.v。创建步骤同创建源文件类似，但是在 Add Sources 对话框中选择的是 Add or Create Simulation Sources 选项，在 Create Source File 对话框中文件名填写为 top_tb，在 Define Module 对话框中不用设置端口参数，直接单击 OK 按钮即可。

(2) 在 Sources 窗口中，Simulation Sources 下出现 top_tb.v 仿真文件，如图 3-49 所示。

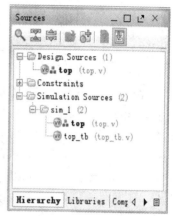

图 3-49　Sources 窗口

(3) 双击 top_tb，编辑 top_tb.v 源文件。输入代码如下：

```
1    `timescale 1ns / 1ps
2    module top_tb;
3    reg a, b, sel;
4    wire out;
5    initial begin
6            a = 1'b0;
7            b = 1'b1;
8            sel = 1'b1;
9            #100 sel = 1'b0;
10           #100 sel = 1'b1;
11           #100 a = 1'b1;
12           b = 1'b0;
13           #100a = 1'b0;
14           b = 1'b1;
15           #100$finish;
16   end
17   top tp(
18           .a(a),
19           .b(b),
20           .sel(sel),
21           .out(out)
22   );
23   endmodule
```

(4) 保存 top_tb.v 文件后，Sources 窗口会有所变化。如图 3-50 所示，top 模块作为下层模块，在模块 top_tb 中实例化为 tp；top_tb 自动变为顶层模块。如果 top_tb 不是顶层模块，可以右键单击 top_tb，在浮动菜单中单击 Set as Top，设置 top_tb 为顶层模块。

注意：🏭图标表示该模块为顶层模块。

(5) 在左侧的 Flow Navigator 中，找到并展开 Simulation。单击 Run Simulation，出现浮动菜单，如图 3-51 所示。单击 Run Behavioral Simulation，开始功能仿真。

图 3-50　Sources 窗口

图 3-51　启动行为仿真

(6) 如图 3-52 所示，出现行为仿真波形图。用户可以通过仿真过程控制工具栏(见图 3-53)对仿真进行控制。另外，通过 🔍+ 、 🔍- 、 🔲 等功能按钮可以调整波形图，根据波形的情况，可以确定电路是否满足功能需要。

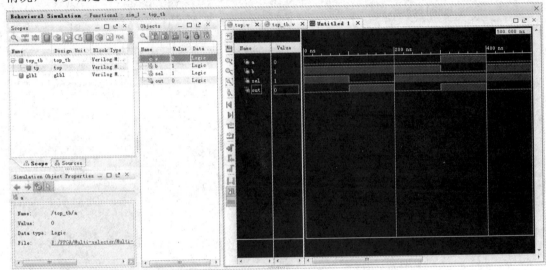

图 3-52　仿真波形图

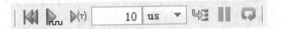

图 3-53　仿真过程控制工具栏

至此，功能仿真结束，可通过 File→Close Simulation 关闭仿真。

经过功能仿真后基本可以肯定该设计满足功能需求。但 RTL 设计的功能仿真只是在逻辑功能层面对设计进行了验证，RTL 设计网表中的逻辑元件在 FPGA 芯片中并不存在。另外，此阶段的设计也并不包含逻辑延时信息，因此功能仿真正确的设计有时仍然不能保证电路正常工作。下一节将介绍如何将 RTL 设计转化为由 FPGA 芯片中存在的底层元件搭建的电路。

3.2.7　设计综合

FPGA 是基于查找表结构的，在 FPGA 中任何数字电路都是由查找表和寄存器等 FPGA 底层基本单元组成的。设计综合的过程就是由 FPGA 综合工具将 HDL、原理图或其他形式的源文件分析、推演出由 FPGA 芯片中底层基本单元表示的电路网表的过程。

本节将使用 Vivado 工具对设计进行综合。首先，用户在做 Vivado 的综合工作之前可以对 Vivado 工程设置中的一些和综合相关的设置做一些基本了解，如图 3-54 所示。其中，相应设置以及选项如下。

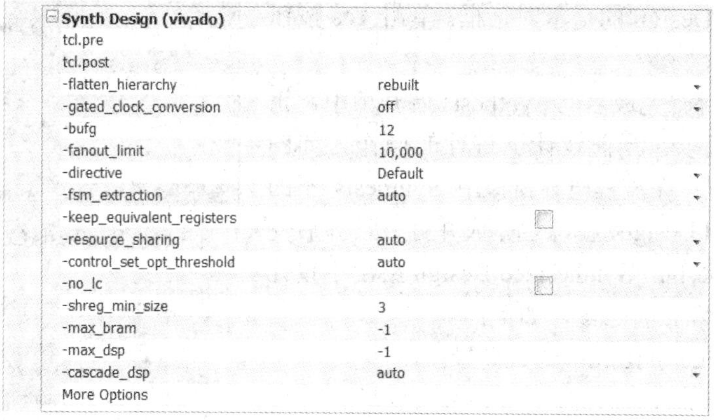

Synth Design (vivado)	
tcl.pre	
tcl.post	
-flatten_hierarchy	rebuilt
-gated_clock_conversion	off
-bufg	12
-fanout_limit	10,000
-directive	Default
-fsm_extraction	auto
-keep_equivalent_registers	☐
-resource_sharing	auto
-control_set_opt_threshold	auto
-no_lc	☐
-shreg_min_size	3
-max_bram	-1
-max_dsp	-1
-cascade_dsp	auto
More Options	

图 3-54　综合设置选项

(1) tcl.pre 与 tcl.post：用于指定 Tcl 钩子脚本(其将在综合前后直接运行)。

(2) flatten_hierarchy：将决定综合算法如何处理设计的层级关系。有三个选项：

none：不去将层级关系打开，保持在 RTL 描述中的设计层次关系；

full：完全将层次化的设计展开；

rebuilt：首先将层次关系展开，进行综合，然后按照原 RTL 再将设计的层级关系重建。

(3) gated_clock_conversion：使能或不使能综合工具对门控时钟的自动转换。

(4) bufg：控制工具推演使用 BUFG 资源的数量。

(5) fsm_extraction：选择实现 FSM 的编码方式(one_hot、sequential、johnson、gray 或 auto 方式)。

(6) keep_equivalent_registers：防止有相同输入逻辑的寄存器合并。

(7) control_set_opt_threshold：控制集阈值(在不超出阈值的情况下，工具会进行时钟使能优化)。

(8) no_lc：当选中时，工具将不进行 LUT 的压缩。

(9) shreg_min_size：推演 SRL 的阈值(超出后将推演出 SRL)。

(10) max_bram：BRAM 最大使用量(–1 表示不做限制)。

(11) max_dsp：DSP 的最大使用量。

在 Vivado 工具中对设计进行综合的具体流程如下：

(1) 如图 3-55 所示，在 Flow Navigator 窗口下，找到 Synthesis 并展开。

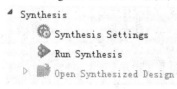

图 3-55　综合

(2) 在展开项中，单击 Run Synthesis，开始对设计进行综合。

(3) 当综合完成后，出现 Synthesis Completed 对话框，如图 3-56 所示。可以选择 Open Synthesis Design 来打开综合后的设计进行观察，单击 OK 按钮。

(4) 如果之前打开了 Elaborated Design，会出现关闭 Elaborated Design 的提示对话框。单击 Yes 按钮即可。

(5) 在设计综合完成后的 Synthesis 展开项中，工具会列出诸多可以在当前设计下进行的操作，如图 3-57 所示。注意：在流程向导窗口中 Synthesis 下的 Open Synthesized Design，在综合完成并打开设计后变为 Synthesized Design。Synthesized Design 给出了设计综合后常用功能和报告选项，如下：

图 3-56　Synthesis Completed 对话框

- Constraints Wizard：约束向导；
- Edit Timing Constraints：时序约束编辑器；
- Set Up Debug：设置调试信号；
- Report Timing Summary：生成时序报告；
- Report Clock Networks：生成时钟网络报告；
- Report Clock Interaction：生成时钟相互关系报告；
- Report DRC：生成规则检查报告；
- Report Noise：生成信号 SSO 分析报告；
- Report Utilization：生成使用量报告；
- Report Power：生成功耗报告；
- Schematic：原理图。

图 3-57　综合

(6) 在打开 Synthesis Design 后，默认打开 Schematic 视图，如图 3-58 所示。如果没有打开，在 Synthesis Design 下单击 Schematic 即可打开。显然，在综合后的原理图视图中，电路网表采用 FPGA 器件中拥有的基本元件搭建，如图 3-58 中的 LUT3 查找表。

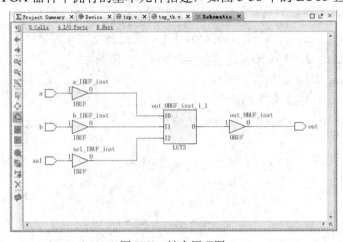

图 3-58　综合原理图

(7) 此时，可以查看 LUT3 的内部映射关系。在原理图窗口内选择 LUT3 对应的 Cell。在 Sources 窗口下方的 Cell Properties 窗口中，选择 Truth Table，可以看到逻辑表达式 0=I1 & !I2 + I0 & I2 以及真值表映射关系，如图 3-59 所示。

(8) 单击 Synthesis Design 下的 Report Utilization 选项。出现 Report Utilization 对话框，如图 3-60 所示。通过 Report Utilization 功能，可以得到工具针对当前设计的资源利用率的详细报告。

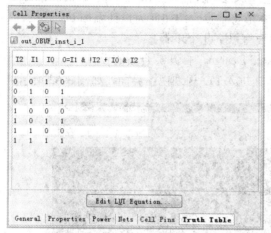

图 3-59　Cell 属性窗口

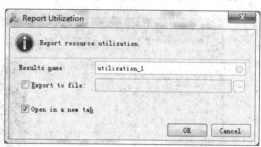

图 3-60　利用率报告对话框

(9) 单击 OK 按钮。Vivado 开始计算该设计的资源消耗量。

(10) 在 Vivado 下方打开 Utilization-utilization_1 标签窗口，如图 3-61 所示，给出了该设计的资源利用率：

① Slice LUTs(切片逻辑)使用了 1 个，总共 20 800 个，利用率小于 0.01%；

② I/O 使用了 4 个，总共 120 个，利用率为 1.90%。

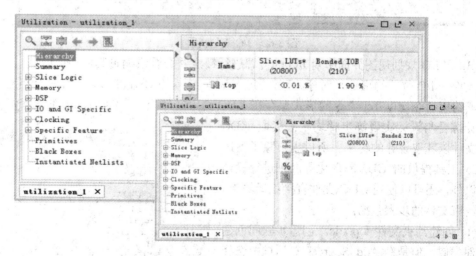

图 3-61　Utilization-utilization_1 窗口

经过综合后，RTL 设计转化为基于 FPGA 底层资源的电路网表。接下来就是对设计进行布局布线。但是在布局布线之前必须将电路端口与 FPGA 的 I/O 端口关联起来。下一节将介绍如何关联 I/O 端口。

3.2.8　添加设计约束

通常在一个设计开发过程中，FPGA 不会被独立使用，它一定会与其他外设、接口相连接，并且 FPGA 通常需要有外部时钟的接入。因此，FPGA 设计需要在工具中指定对应的 I/O 引脚位置以及输入时钟的信息，即用户需要对 I/O 进行约束并对时钟周期等进行时序约束。在 Vivado 中，用户可采用 I/O Planner 进行 I/O 约束，使用 Timing Constraints Manager 指定期望设计性能(即进行设计的时序约束)。本节将重点介绍如何为设计添加 I/O 约束。

为设计添加 I/O 约束的方法非常简单，主要有以下几个步骤：

(1) 在综合后的设计上点击 Open Synthesized Design，打开综合后的设计；

(2) 在菜单栏视图处下拉 I/O Planning，点击进入 I/O 规划视图界面，如图 3-62 所示；

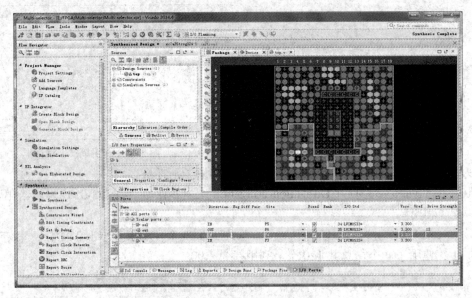

图 3-62　I/O 规划视图

(3) 在 I/O 规划视图界面中对 I/O 的位置进行锁定并查看或编辑其他相关信息。

无论是 I/O 位置约束还是时序约束，通过 Vivado 工具的 GUI 图形化界面进行相应约束后，其约束命令均以 Tcl 命令的形式保存在 XDC 约束文件中。后续 Vivado 的编译流程，如设计综合与设计实现等步骤均是去读取 XDC 约束文件以获取设计的约束。所以用户除了使用 Vivado 工具提供的 GUI 图形化界面来进行设计约束以外，还可以使用 XDC 文件直接编译约束。添加约束文件的步骤包括：

(1) 创建约束文件 top.xdc。创建步骤同创建源文件类似，但是在 Add Sources 对话框中选择的是 Add or Create Constraints 选项。

(2) 在 Sources 窗口中，Constraints 下出现 top.xdc 约束文件，如图 3-63 所示。

图 3-63　Sources 窗口

(3) 双击 top.xdc，编辑 top.xdc 源文件。输入代码如下：

```
1    set_property PACKAGE_PIN P5 [get_ports a]
2    set_property IOSTANDARD LVCMOS33 [get_ports a]
3    set_property PACKAGE_PIN P4 [get_ports b]
4    set_property IOSTANDARD LVCMOS33 [get_ports b]
5    set_property PACKAGE_PIN P3 [get_ports sel]
6    set_property IOSTANDARD LVCMOS33 [get_ports sel ]
7    set_property PACKAGE_PIN F6 [get_ports    out]
8    set_property IOSTANDARD LVCMOS33 [get_ports    out]
```

(4) 双击保存 top.xdc 文件，添加约束完成。

3.2.9 设计实现

Vivado 下的 FPGA 设计实现，是指由 FPGA 实现工具将 FPGA 综合后的电路网表针对某个具体指定的器件以及相关物理与性能约束进行优化、布局、布线并生成最终可以下载到 FPGA 芯片内的配置文件的过程。

实现过程分为以下子过程：

(1) 优化设计(Opt Design)：针对所选器件对逻辑设计进行优化，以便达到最优实现；

(2) 功耗优化设计(Power Opt Design)(可选)：从降低功耗的角度，对逻辑设计进行优化；

(3) 布局设计(Place Design)(必选)：将设计网表在所选器件上进行布局；

(4) 布局后功耗优化(Post-Place Power Opt Design)(可选)：在布局之后的网表基础上优化功耗；

(5) 布局后物理优化(Post-Place Phys Opt Design)(可选)：在布局之后的网表基础上进行物理优化，主要针对时序性能；

(6) 布线设计(Route Design)(必选)：在布局后的设计上进行布线；

(7) 布线后物理优化(Post-Route Phys Opt Design)(可选)：在布线后的设计上参考布线后的设计延时，对逻辑、布局、布线等情况再次进行优化。

同样地，Vivado 设计实现部分也有一些相关的设置。打开工程设置中的实现设置窗口，如图 3-64 所示，可以看到，与设计综合类似，设计实现的每个子步骤都具有 Tcl 钩子脚本功能，用户可以使用 Tcl 脚本灵活地制定设计实现流程。此外，对于设计实现的每个子步骤，用户都可以去指定工具的 Directive，即让工具按照设计者预期的目标进行设计实现结果的探索。

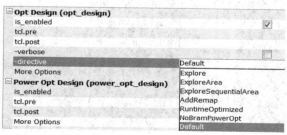

图 3-64 设计实现选项设置

在 Vivado 下进行设计实现的具体步骤如下：

(1) 在 Flow Navigator 下找到并展开 Implementation，如图 3-65 所示。单击 Run Implementation 选项，开始执行实现过程。

(2) 实现过程完成后会出现如图 3-66 所示的 Implementation Completed 对话框。选择 Open Implemented Design，单击 OK 按钮。

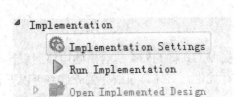

图 3-65　实现　　　　　　　　　　图 3-66　实现完成对话框

(3) 图 3-65 中的 Open Implemented Design 变为 Implemented Design。Vivado 右上角出现器件的结构图，如图 3-67 所示。调整结构图，可以清晰地看到该设计用到的器件和器件之间的连线(即布线)，如图 3-68 所示。

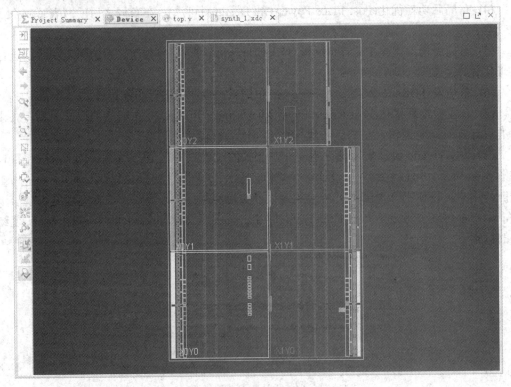

图 3-67　Device 窗口

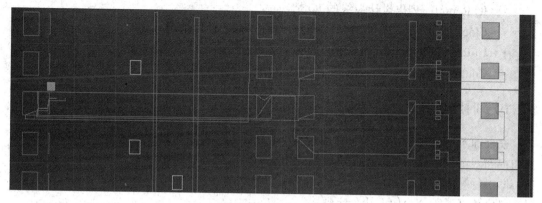

图 3-68 布局布线图

注：图中标有绿色方块的引脚，表明该设计用到了该单元。

Vivado 实现过程包括逻辑与物理的转化，以及将网表布局布线到设备资源中。实现完成后可以查看布局布线的实际情况，核实是否符合设计要求。另外，Vivado 工具在设计实现后可以提供诸多设计报告供设计者查看，如图 3-69 所示。

Reports			
Name	Modified	Size	GUI Report
□ Synth Design (synth_design)			
⌐ 🗎 Vivado Synthesis Report	12/19/16 3:00 PM	17.9 KB	
⌐ 🗎 Utilization Report	12/19/16 3:00 PM	6.5 KB	
□ Opt Design (opt_design)			
⌐ 🗎 Post opt_design DRC Report	12/19/16 3:12 PM	1.6 KB	
□ Place Design (place_design)			
⌐ 🗎 Vivado Implementation Log	12/19/16 3:13 PM	18.5 KB	
⌐ 🗎 Pre-Placement Incremental...			
⌐ 🗎 IO Report	12/19/16 3:12 PM	76.9 KB	
⌐ 🗎 Clock Utilization Report	12/19/16 3:12 PM	5.0 KB	
⌐ 🗎 Utilization Report	12/19/16 3:12 PM	8.5 KB	
⌐ 🗎 Control Sets Report	12/19/16 3:12 PM	2.5 KB	
⌐ 🗎 Incremental Reuse Report			
□ Route Design (route_design)			
⌐ 🗎 Vivado Implementation Log	12/19/16 3:13 PM	18.5 KB	
⌐ 🗎 WebTalk Report			
⌐ 🗎 DRC Report	12/19/16 3:13 PM	1.6 KB	
⌐ 🗎 Power Report	12/19/16 3:13 PM	6.6 KB	
⌐ 🗎 Route Status Report	12/19/16 3:13 PM	0.6 KB	
⌐ 🗎 Timing Summary Report	12/19/16 3:13 PM	7.2 KB	Open
⌐ 🗎 Incremental Reuse Report			
□ Post-Route Phys Opt Design (post_route_phys_opt_design)			
⌐ 🗎 Post-Route Physical Optim...			
□ Write Bitstream (write_bitstream)			
⌐ 🗎 Vivado Implementation Log			
⌐ 🗎 WebTalk Report			

🖳 Tcl Console　💬 Messages　🗎 Log　🗎 Reports　🔀 Design Runs　⏱ Timing

图 3-69 设计实现后的报告

其中包含以下一些经常使用的报告：

· Post Optimization DRC Report：列出 I/O DRC 检查结果；

· Post Power Optimization DRC Report：列出 Power DRC 检查结果；

· Place and Route Log：实现过程的记录文件；

- IO Report：列出设计最终的 IO 情况；
- Clock Utilization Report：详细列出时钟资源的使用情况；
- Utilization Report：详细列出 FPGA 资源使用情况；
- Control Sets Report：列出设计中控制信号的详细情况。

3.2.10　时序仿真

在前面章节讲述的功能仿真中并不涉及毛刺、竞争冒险等时序问题。实现执行过后器件布局布线都已完成，所以在此阶段后的仿真中可以将各种时序所导致的延时问题加入其中，即进行时序仿真。

时序仿真过程分为如下几个步骤：

(1) 在 Flow Navigator 下找到 Simulation 并展开。单击 Run Simulation，在出现的浮动菜单中单击 Run Post-Implementation Timing Simulation 选项，执行时序仿真。

(2) 图 3-70 为实现后的仿真波形图。调整波形图，可以观察到信号产生了毛刺。

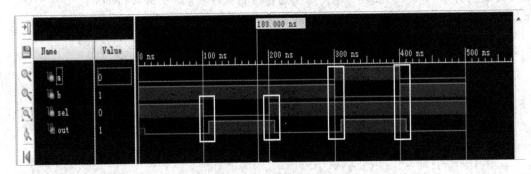

图 3-70　时序仿真波形图

注：信号从输入到输出经历了传输延时和逻辑门的翻转延时，导致信号产生毛刺。

(3) 选择 File→Close Simulation，退出时序仿真。

3.2.11　比特流文件的生成与下载

设计的最后一步是将 Vivado 实现产生的网表文件转化为比特流文件，并且将比特流文件下载到 FPGA 芯片中。比特流文件用于完成对 FPGA 的配置。

1. 比特流文件的生成

如图 3-71 所示，在 Flow Navigator 窗口下找到 Program and Debug 选项并展开。单击 Generate Bitstream 选项，开始生成比特流文件。

图 3-71　生成比特流文件

2. 比特流文件的下载

（1）比特流文件生成后，会出现如图 3-72 所示的 Bitstream Generation Completed 对话框，选择 Open Hardware Manager 选项，单击 OK 按钮。

图 3-72　Bitstream Generation Completed 对话框

（2）在图 3-71 中，Open Hardware Manager 变为 Hardware Manager；如果没有，则单击 Open Hardware Manager，然后打开 Hardware Manager。Vivado 上出现 Hardware Manager 界面，如图 3-73 所示。

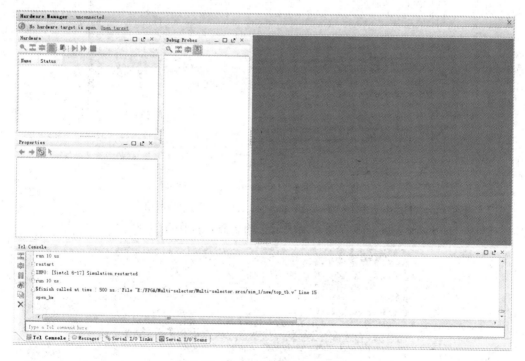

图 3-73　Hardware Manager 界面

（3）在 Hardware Manager 界面中，单击 Open target，打开一个新的设备目标。

注意：使用 USB 数据线连接开发板和电脑(USB 插入开发板的 J22 USB-JTAG 的插座上)，然后打开电源开关，建立 FPGA 和主机之间的连接。

（4）出现 Open New Hardware Target 对话框界面，单击 Next 按钮。

(5) 如图 3-74 所示，出现 Hardware Server Settings 对话框，单击 Next 按钮。

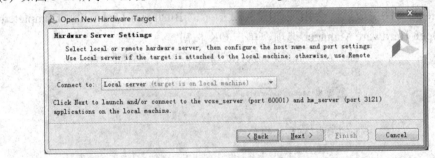

图 3-74　Hardware Server Settings 对话框

(6) 打开服务器后，出现如图 3-75 所示的 Select Hardware Target 对话框，显示检测出的设备信息。选中 Hardware Targets 下的设备，单击 Next 按钮。

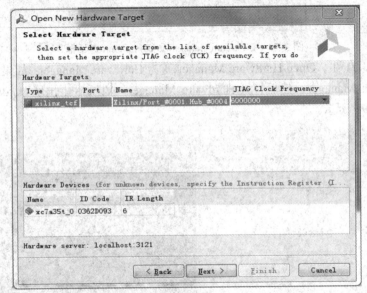

图 3-75　Select Hardware Target 对话框

(7) 出现 Open Hardware Target Summary 对话框，单击 Finish 按钮。

(8) 在 Hardware Manager 界面下出现选中的设备，如图 3-76 所示。

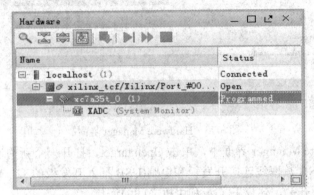

图 3-76　打开的新设备

(9) 在 Hardware Manager 界面中找到并右键单击 xc7a35t_0(1)，在浮动菜单中单击 Program Device…选项。

(10) 如图 3-77 所示，出现 Program Device 对话框。默认情况下比特流文件会自动选中，如果没有，则单击 "…" 按钮，找到并选中 top.bit 文件。在 Program Device 对话框中单击 Program 按钮，开始下载。

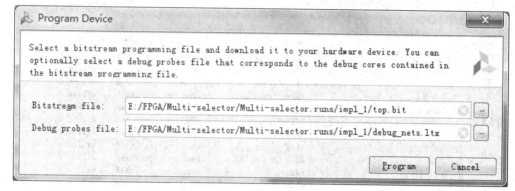

图 3-77　对设备进行编程

(11) 在开发板上验证该设计。

验证方法：拨动开关，观察对应的 LED 灯，查看设计是否与设想的结果一致。

至此，便完成了 Vivado 工具的整个基本设计流程。

3.3　Vivado IP 核的使用

在集成电路的可重用设计方法学中，IP 核(Intellectual Property Core)是指某一方提供的逻辑源码或网表等形式的用于芯片电路设计的可重用模块。IP 核通常已经通过了设计验证，设计人员以 IP 核为基础进行设计，可以缩短设计所需的周期。

在 Xilinx 的 Vivado 集成开发环境下，用户的设计可以包含多种不同开发来源的 IP 核，例如：

(1) 使用 Vivado 系统生成器 System Generator 创建的 IP 核；

(2) 使用 RTL 设计的 IP 核；

(3) Xilinx 公司官方提供的 IP 核；

(4) 第三方公司开发并提供的 IP 核；

(5) 用户自定义的 IP 核。

另外，目前最新的技术还支持使用高层次的编程语言(如 C 语言)进行 IP 核的开发与验证。其显著优势之一来自于 C 语言仿真的验证速度。从设计创建的角度来看，通过在开发过程中集中仿真 C 语言模块，能够带来明显的效率的提高。

3.3.1　Xilinx IP 核及其调用流程

Xilinx 及其合作伙伴拥有大量的知识产权核(IP 核)，可帮助用户加速设计进度与产品上市进程。这些 IP 核经过严苛的测试与验证，可以帮助用户第一时间获得成功。除了简单的内核库外，Xilinx 还可提供其他解决方案，帮助用户提高生产效率。

在 Vivado 中，所有的 IP 核都可以通过打开 Vivado 的 IP Catalog 来使用，包括 Xilinx 提供的各种 IP 核、第三方合作伙伴提供的 IP 核以及用户自定义的 IP 核。Vivado 的 IP Catalog 界面如图 3-78 所示。

Name	AXI4	Status	License	VLNV
XADC Wizard	AXI4-Stream, AXI4	Production	Included	xilinx.c...
AXI4-Stream Accelerator Adapter	AXI4, AXI4-Stream	Beta	Included	xilinx.c...
Floating-point	AXI4-Stream	Production	Included	xilinx.c...
LTE UL Channel Decoder	AXI4-Stream, AXI4	Production	Purchase	xilinx.c...
LMB BRAM Controller	AXI4	Production	Included	xilinx.c...
Video In to AXI4-Stream	AXI4-Stream	Production	Included	xilinx.c...
AXI Data FIFO	AXI4	Production	Included	xilinx.c...
AXI Quad SPI	AXI4	Production	Included	xilinx.c...
Tri Mode Ethernet MAC	AXI4-Stream, AXI4	Production	Purchase	xilinx.c...
Mutex	AXI4	Production	Included	xilinx.c...
AXI Clock Converter	AXI4	Production	Included	xilinx.c...
Ethernet 1000BASE-X PCS/PMA or...		Production	Included	xilinx.c...
AXI TFI Controller	AXI4	Production	Included	xilinx.c...
MicroBlaze Debug Module (MDM)	AXI4, AXI4-Stream	Production	Included	xilinx.c...
AXI4-Stream Combiner	AXI4-Stream	Production	Included	xilinx.c...
MicroBlaze MCS		Production	Included	xilinx.c...

图 3-78　Vivado IP 列表

Vivado 的 IP Catalog 是任何使用 IP 核和重复使用 IP 核方法的基干，是实现高层次生产力设计方法的关键。IP Catalog 具有下列特性：

(1) 在 IP Catalog 中包含大约 200 个由 Xilinx 提供的 IP 核；

(2) 可以保存来自基于 C 语言的 IP 核开发的输出；

(3) 能使用 System Generator、原有 RTL 和 Xilinx 合作伙伴提供的 IP 核进行设计集成；

(4) 内置大量接口 IP 核，支持使用原有 RTL IP，在创建平台时可广泛使用；

(5) 是系统集成过程中所有 IP 模块的来源；

(6) 在系统集成和验证过程中提供 RTL 实现功能。

接下来使用最常用的时钟管理 IP 核来对 IP 核的使用方法进行说明。

(1) 在工程中打开 IP Catalog 并找到 Clocking Wizard IP 核，如图 3-79 所示。

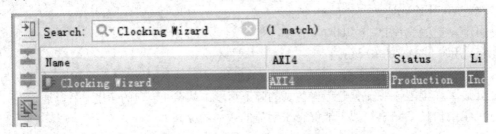

Name	AXI4	Status	Li
Clocking Wizard	AXI4	Production	Inc...

图 3-79　IP 列表中的时钟 IP 核

(2) 在 IP Catalog 中双击对应 IP 核即可打开 IP 核的配置界面，如图 3-80 所示。在 Clocking Wizard IP 核的配置界面中可以对各种时钟模块的特性进行配置，如时钟输入的频率、抖动以及输出时钟的数量、信号名称、频率、占空比等。

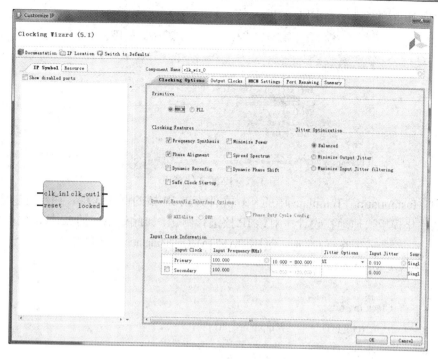

图 3-80　IP 核配置界面

（3）在完成 IP 核的参数配置后，点击 OK 按钮，会弹出 Generate Output Products 窗口，如图 3-81 所示。

图 3-81　IP 核生成向导

此时，可以通过 OOC(Out Of Context Settings...)综合方式进行设置，number of jobs 设置为 4，并点击 OK 按钮。在设计综合前应先对该 IP 核单独进行综合，然后在工程整体综合时再将该 IP 核综合后的网表文件链接进整体工程网表中。在设计初期采用 OOC 方式可以节省设计的 HDL 频繁改动导致的重新进行综合的时间。因此，可以在设计初期采用 OOC 方式进行 IP 核的综合。

（4）在选择相应综合方式并点击 Generate 按钮后，在 Sources 窗口下的 IP Sources 中可以看到对应 IP 核的文件，如图 3-82 所示。

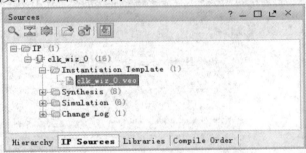

图 3-82　IP 源文件窗口

其中，Instantiation Template 中的 veo 文件为该 IP 核的例化模板。用户可以通过该文件提供的例化模板快速地在设计中对该 IP 核进行例化，如此处生成的 IP 核例化模板如下：

```
1   //----------- Begin Cut here for INSTANTIATION Template ---// INST_TAG
2   clk_wiz_0 instance_name
3   (
4   // Clock in ports
5   .clk_in1(clk_in1),          // input clk_in1
6   // Clock out ports
7   .clk_out1(clk_out1),        // output clk_out1
8   // Status and control signals
9   .reset(reset), // input reset
10  .locked(locked));           // output locked
11  // INST_TAG_END ------ End INSTANTIATION Template ---------
```

(5) 用户可直接将该例化模板复制至设计中需要调用该 IP 核的位置，并修改信号连接来完成 IP 核的使用。

3.3.2　实验：Vivado IP 核的使用

下面将使用 Vivado 中的 FIFO IP 核搭建一个基本设计，以此为例详细介绍如何在工程中调用添加相应的 IP 核，以及如何进行 IP 核工程的功能验证。

(1) 建立一个名为 fifo_lab 的工程，具体步骤同 3.2.3 节。

(2) 添加源文件 top.v。创建步骤同 3.2.4 节。

(3) 在 Vivado 软件的 Flow Navigator 下找到 Project Manager 并展开。在 Project 下有四个选项，如图 3-83 所示，单击 IP Catalog。

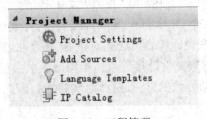

图 3-83　工程管理

　　(4) 在 Vivado 右上角出现 IP Catalog 界面，如图 3-84 所示。在 Search 编辑框中输入 FIFO，下面便会显示搜索结果。双击 FIFO Generator。

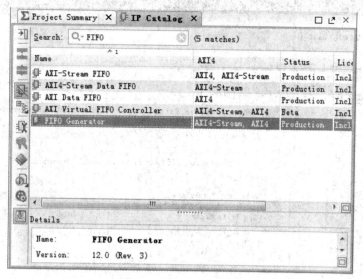

图 3-84　IP Catalog 界面

　　(5) 出现 Customize IP 对话框，如图 3-85 所示。将 Component Name 的内容改为用户想要的模块名字，如 data_buf。在 Basic 标签页可以不做修改，保持默认参数。

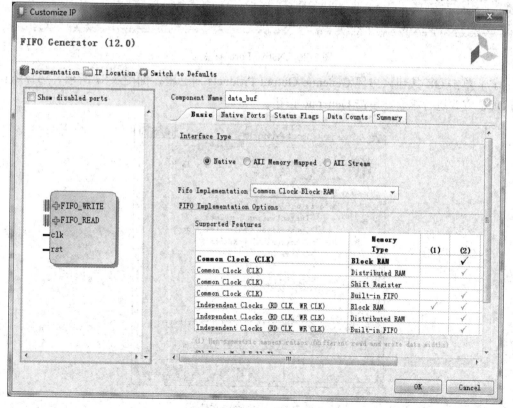

图 3-85　定制 IP 核对话框

(6) 选择 Native Ports 标签页, 参数设置如图 3-86 所示。

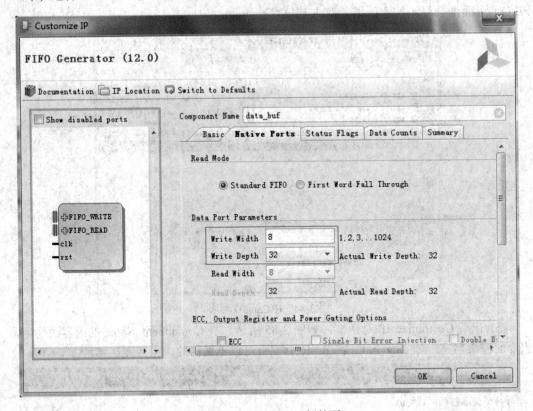

图 3-86　Native Ports 标签页

(7) 单击 OK 按钮, 出现 Generate Output Products 对话框, 如图 3-87 所示。选择默认的 OOC 方式进行综合, 单击 Generate 按钮。

图 3-87　产生输出文件

　(8) 在 Sources 窗口选择 IP Sources 标签页,如图 3-88 所示。双击打开 data_buf.veo 文件,如图 3-89 所示,复制文件的第 57~66 行到源文件 top.v。

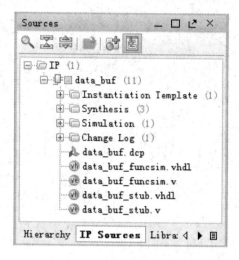

```
57 data_buf your_instance_name (
58    .clk(clk),      // input wire clk
59    .rst(rst),      // input wire rst
60    .din(din),      // input wire [7 : 0] din
61    .wr_en(wr_en),  // input wire wr_en
62    .rd_en(rd_en),  // input wire rd_en
63    .dout(dout),    // output wire [7 : 0] dout
64    .full(full),    // output wire full
65    .empty(empty)   // output wire empty
66 );
```

图 3-88　资源界面

图 3-89　data_buf.veo 文件

　(9) 编辑源文件 top.v,具体代码如下:

```
1     `timescale 1ns / 1ps
2     module top(
3         input clk,
4         input rst,
5         input [7:0]din,
6         input wr_en,
7         input rd_en,
8         output [7:0]dout,
9         output full,
10        output empty
11        );
12    data_buf your_instance_name (
13        .clk(clk), // input wire clk
14        .rst(rst), // input wire rst
15        .din(din), // input wire [7 : 0] din
16        .wr_en(wr_en), // input wire wr_en
17        .rd_en(rd_en), // input wire rd_en
18        .dout(dout), // output wire [7 : 0] dout
19        .full(full), // output wire full
20        .empty(empty) // output wire empty
21        );
22    Endmodule
```

(10) 用户可以使用 Vivado 工具提供的仿真环境对 IP 核设计工程进行行为仿真，观察波形是否符合要求。创建仿真文件 top_tb.v，具体代码如下：

```
1      `timescale 1ns / 1ps
2      module top_tb;
3          reg clk, rst;
4          reg [7:0]din;
5          reg wr_en, rd_en;
6          wire [7:0]dout;
7          wire full, empty;
8          //时钟、复位
9          initial begin
10             clk = 1'b1;
11             rst = 1'b0;
12             #10 rst = 1'b1;
13             #20 rst = 1'b0;
14         end
15         always #10 clk <= ~clk;
16         //数据验证
17         initial begin
18             wr_en = 1'b0;
19             rd_en = 1'b0;
20             din = 8'd0;
21             #100
22             //写数据
23             //写第一个数据
24             @( posedge clk )din = 8'd10;
25             wr_en = 1'b1;
26             @( posedge clk ) wr_en = 1'b0;
27             //写第二个数据
28             @( posedge clk ) din = 8'd20;
29             wr_en = 1'b1;
30             @( posedge clk ) wr_en = 1'b0;
31             //写第三个数据
32             @( posedge clk ) din = 8'd30;
33             wr_en = 1'b1;
34             @( posedge clk ) wr_en = 1'b0;
35             //读数据
36             //读第一个数据
37             @( posedge clk ) rd_en = 1'b1;
```

38	@(posedge clk) rd_en = 1'b0;
39	//读第二个数据
40	@(posedge clk) rd_en = 1'b1;
41	@(posedge clk) rd_en = 1'b0;
42	//读第三个数据
43	@(posedge clk) rd_en = 1'b1;
44	@(posedge clk) rd_en = 1'b0;
45	//读第四个数据
46	@(posedge clk) rd_en = 1'b1;
47	@(posedge clk) rd_en = 1'b0;
48	end
49	top top(
50	.clk(clk),
51	.rst(rst),
52	.din(din),
53	.wr_en(wr_en),
54	.rd_en(rd_en),
55	.dout(dout),
56	.full(full),
57	.empty(empty)
58	);
59	endmodule

(11) 对设计进行行为仿真，仿真步骤参考 3.2.6 节。

(12) 波形图如图 3-90 所示。观察波形，分析输入输出数据。

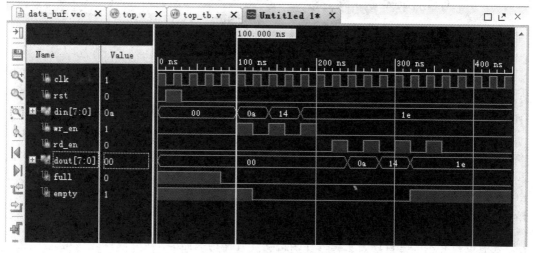

图 3-90　数据操作波形图

如图 3-90 所示，复位信号发出且 FIFO 模块运行两个半周期后，full、empty 信号显示正常，表示可以正常工作。之后分别对 din、wr_en 赋值，对 FIFO 进行写入操作。根据 empty

信号可知，wr_en 信号保持一个周期的高电平后，数据写入 FIFO 中。然后对 rd_en 进行赋值，对 FIFO 进行读出操作。本次实验对 FIFO 进行了三次写操作和四次读操作。写入数据分别是 10、20、30，读出数据分别为 10、20、30、30。在最后一次读操作中，因为 FIFO 为空，所示读操作失败，输出仍然是上次所读取的数据。

3.4　Vivado IP 核的封装与集成

当今已经很难找到不采用 IP 核的 IC 设计。采用业界标准，提供专门便于 IP 核开发、集成和存档的工具，可以帮助系统合作伙伴中的 IP 核厂商和客户快速地构建 IP 核，提高设计生产力。为此，Xilinx 在 Vivado 集成设计环境中提供了 IP 核封装器、IP 核集成器和可扩展 IP 核目录三种设计工具，以方便用户围绕 IP 核进行设计开发。

3.4.1　Vivado IP 核封装器

在 Vivado 工具中集成了用于打包 IP 核设计的 IP 核封装器，它可以将多种不同设计输入形式或不同源文件封装为 IP 核。封装之后的 IP 核都会统一放置在前一节内容中介绍的 IP 核目录中，如图 3-91 所示。而这些设计封装的 IP 核又可以再次被用户使用到其他设计中，以达到 IP 核设计复用的功能。

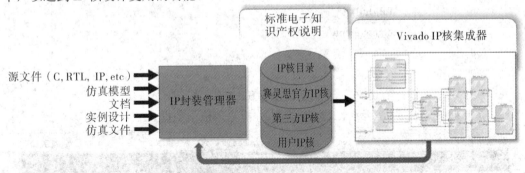

图 3-91　Vivado IP 核设计工具

Xilinx 官方、Xilinx 系统合作伙伴和 Xilinx 用户可以在设计流程的任何阶段采用 IP 核封装器将自己的部分设计或整个设计转换为可重用的内核，这些设计可以是 RTL、网表、布局后的网表甚至是布局布线后的网表。本节将介绍用户自定义功能 IP 核的封装方法。

在 Vivado 工具中 IP 核的封装分为几种不同类型。用户可以直接将 HDL 源码/设计，甚至是设计网表等文件进行封装以便设计复用，也可以将设计封装成业界标准的 AXI 接口的 IP 核。

3.4.2　Vivado IP 核封装流程

本节重点介绍的是直接对工程设计的封装。具体步骤如下：

(1) 将需要封装成 IP 核的逻辑模块的源码进行验证,确认功能正确后创建 Vivado 工程并将源码加入工程，如图 3-92 所示。

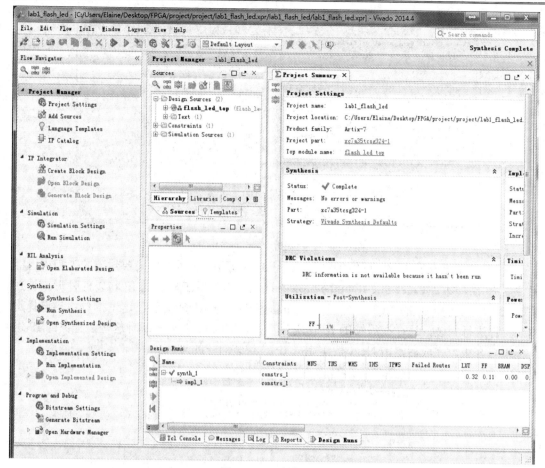

图 3-92 工程主界面

(2) 打开工具栏 Tools 并点击 Create and package IP，打开 IP 封装向导，见图 3-93。

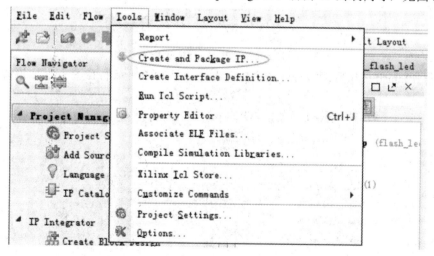

图 3-93 Creak and package IP 选项

(3) 点击 Next 按钮，出现如图 3-94 所示对话框，选择将当前工程进行封装(即 Package your current project)，单击 Next 按钮。

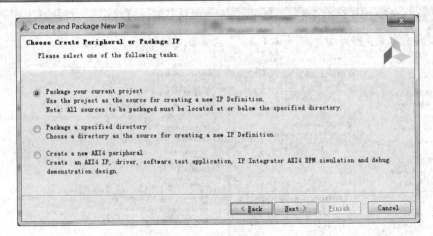

图 3-94　Packaging Options 对话框

　　(4) 选择想要保存 IP 核文件的路径，如图 3-95 所示。另外，如果要封装的工程中已经包含了 IP 核，那么 Packaging IP in the project 选项可以指明工程内的 IP 将以何种形式被封装起来。可以选择 IP 的 XCI 文件或 IP 生成的 HDL 与 XDC 文件，这里推荐用户选择将 XCI 文件进行封装，这样在后续的 IP 使用过程中，Vivado 仍然可以对这些工程内的 IP 进行管理与升级。完成后点击 Next 按钮完成 IP 核封装向导的步骤。

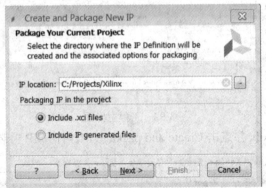

图 3-95　Create and Pa-ckage New IP 对话框

　　(5) 点击 Finish 按钮后，Vivado 的主界面出现如图 3-96 所示的 IP 核封装器设置界面。

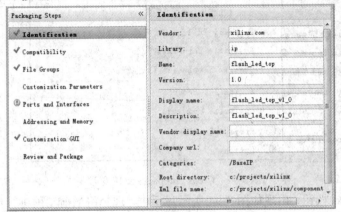

图 3-96　IP 核封装器设置界面

① IP 核封装器设置界面中的 Identification 页面上，设计者可对 IP 核枋的如下参数进行配置：

- Vendor：设计者可以指定 IP 核提供者的名称；
- Library：IP 核所属的库；
- Name：IP 核的名称；
- Version：IP 核的版本；
- Display name：在 Vivado IP Catalog 中所显示的名称；
- Description：在 Vivado IP Catalog 中对该 IP 核的描述；
- Vendor display name：在 Vivado IP Catalog 中显示的 IP 核提供者名称；
- Company url：在 Vivado IP Catalog 中所显示的 IP 核提供者的公司网址；
- Root directory：IP 核根目录，即 IP 核的输入输出文件所保持的目录；
- Xml file name：业界标准的 IP-XACT 文件的名称以及存放目录；
- Categories：IP 核所属目录。

在 Identification 页面中的大部分内容均可由设计者自行设置。在最后的 Categories 选项中，用户可点击旁边的省略号来添加或删减 IP 核所属的 IP 核子目录，以确定该 IP 核会被 Vivado IP Catalog 存放在哪些子目录中，如图 3-97 所示。另外，除了 Vivado IP Catalog 所固有的子目录以外，用户还可以自定义子目录。

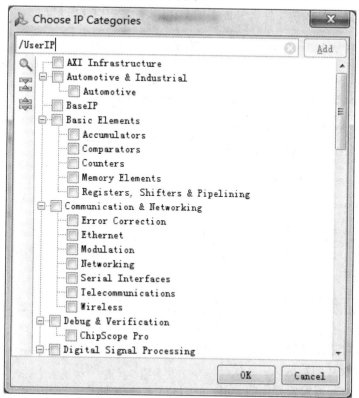

图 3-97　IP 核目录选择界面

② 在 IP 核封装器设置界面中的 Compatibility 页面，设计者可对 IP 核所兼容的 FPGA 器件进行选择，通过右键单击鼠标来操作，如图 3-98 所示。

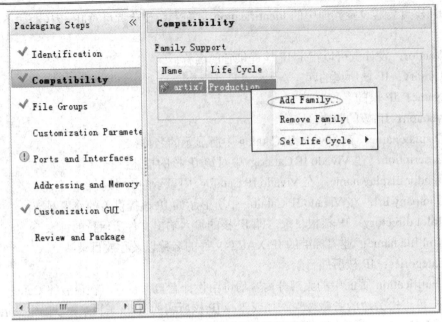

图 3-98　IP 核兼容器件选择界面

③ 在 IP 核封装器设置界面中的 **File Groups** 页面上列出了该设计所涉及的所有文件，并按照综合、仿真以及测试文件等分成不同文件组，如图 3-99 所示。

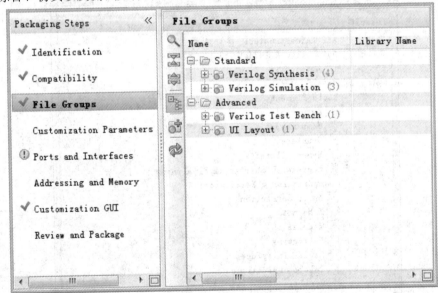

图 3-99　IP 核源文件界面

④ 在 IP 核封装器设置界面的 Customization Parameters 页面上，列出了该 IP 核支持配置与传递的参数及其初始默认值。

⑤ 在 IP 核封装器设置界面的 Ports and Interfaces 页面上，列出了该 IP 核所有的对外端口以及总线接口。

⑥ 在 IP 核封装器设置界面的 Addressing and Memory 页面上，列出了该 IP 核中所有的内存映射(memory-map)形式的接口以及相应的地址空间，如图 3-100 所示。

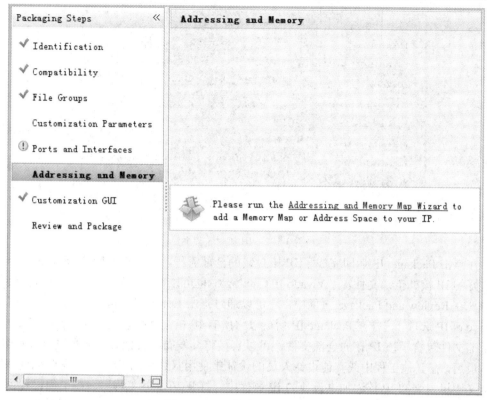

图 3-100 IP 核地址与存储界面

⑦ 在 IP 核封装器设置界面的 Customization GUI 页面上，可以看到该 IP 核的图形化模块以及其对外输入输出的端口，如图 3-101 所示。这里所看到的 GUI 图形化模块也是在 Vivado IP 集成器中所调用的 IP 核的模块样式。

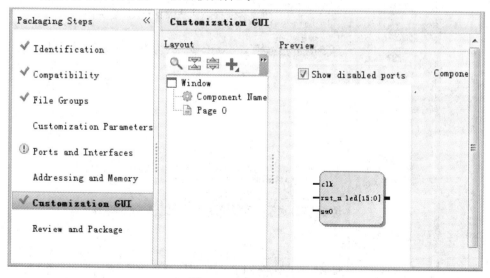

图 3-101 IP GUI 界面

⑧ 在 IP 核封装器设置界面的 Review and Package 页面上，用户可以最终确认信息并执行封装操作，如图 3-102 所示。

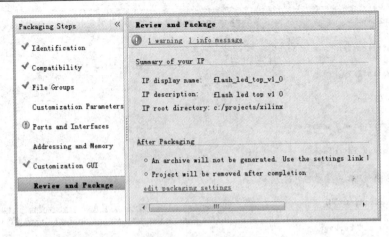

图 3-102　IP 核封装界面

在点击 Package IP 后即完成了 IP 核封装的全部流程，可以在对应的 IP 核路径下找到封装好的 IP 核的全部文件。在 Vivado IP Catalog 中也可以在对应的子目录下找到封装好的 IP 核。在 Review and Package 页面中，还可以通过点击 Edit packaging setting 来打开 Create archive of IP 选项，这样在 Package IP 后可以将所有 IP 核文件打包成一个 zip 压缩文件。这个压缩文件包含了该 IP 核的全部文件，可以直接将其发布给其他设计人员进行设计复用。

最后，在其他工程中或其他设计人员的设计中使用封装后的 IP 核前，需要把这些用户自定义逻辑封装的 IP 核添加进设计的 IP 核库中。打开 Vivado 工程后，在工程设置窗口中的 IP 核栏目中，将存放 IP 核的路径指定好即可完成 IP 核的添加，如图 3-103 所示。

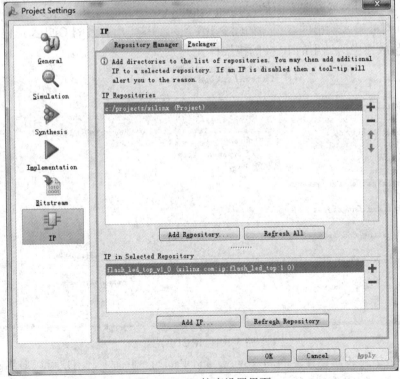

图 3-103　IP 核库设置界面

3.4.3　Vivado IP 核集成器

Vivado 集成开发环境提供了业界首款即插即用型 IP 核集成设计环境，并具有 IP 核集成器特性，从而进一步提高了 RTL 设计的生产效率。IP 核集成器是一个图形化、支持脚本配置与连接的设计开发环境，如图 3-104 所示。

在 IP 核集成器中可使用 IP 核进行基于处理器的设计或非处理器的纯逻辑设计。在前一节中讲述的 Vivado 的 IP 核封装器可以将用户设计封装成标准 IP 核以供设计复用，IP 核集成器则可以很高效地完成 IP 核系统集成。随后在 IP 核集成器中完成的设计同样又可通过 IP 核封装器再次被封装成更高层次的 IP 核。

图 3-104　Vivado IP 核集成工具

IP 核集成器的界面如图 3-105 所示。

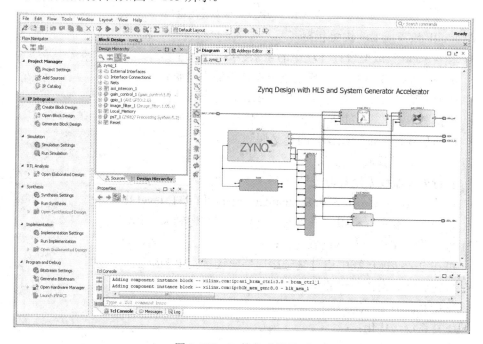

图 3-105　IP 核集成器界面

　　Vivado IP 核集成器可提供基于 Tcl 脚本支持的图形化设计开发流程及具有器件和平台意识的互动环境，能支持关键 IP 核接口的智能自动连接、一键式 IP 核子系统生成、实时 DRC 和接口修改传递等功能，同时还提供强大的调试功能。

　　在 IP 核之间建立连接时，设计人员工作在"接口"而不是"信号"的抽象层面上，从而大幅提高了生产率。IP 集成器通常采用业界标准的 AXI4 接口，不过也支持数十个其他接口。设计人员在接口层面上工作，能快速组装复杂系统，同时还能充分利用如 Vivado HLS、System Generator、Xilinx SmartCore 和 LogiCORE IP 创建的 IP 核、第三方(Xilinx 设计联盟成员)IP 核和用户自定义的 IP 核。通过 Vivado IP 集成器和 HLS 高层次综合工具的完美组合，客户能将开发成本降至采用 HDL 方式的 1/15，如图 3-106 所示。

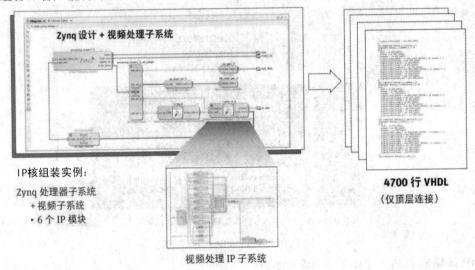

图 3-106　IP 核集成器使用案例

Vivado IP 核集成器的优势包括：

(1) 在 Vivado 集成型设计环境中的紧密集成，包括：

· IP Integrator 层次化子系统在整个设计中的无缝整合；

· 快速捕获与支持重复使用的 IP Integrator 设计封装；

· 支持图形和基于 Tcl 脚本的设计流程设计；

· 快速仿真与多设计视窗间的交叉探测。

(2) 支持所有设计域，包括：

· 支持处理器或无处理器设计；

· 算法集成(Vivado HLS 和 System Generator)和 RTL-level IP；

· 融 DSP、视觉、模拟、嵌入式、连接功能和逻辑为一体。

(3) 注重设计生产力，具体表现为：

· 可在设计装配过程中通过复杂接口层面连接实现 DRC；

· 可完成常见设计错误的识别和纠正；

· 支持互联 IP 的自动 IP 参数传递；

· 支持系统级优化；

· 支持自动设计辅助。

　　因此，在 Vivado 环境下使用 IP 核来进行设计，尤其是使用 IP 核集成器环境进行基于 IP 核的设计集成将会大大降低开发难度，提高设计效率，使用户能够更快更好地完成设计任务。此外，针对教育界用户，Xilinx 大学计划可以提供诸多用于教学的基础 IP 核模块，如图 3-107 所示。有兴趣的师生可以与 Xilinx 大学计划(XUP)或 XUP 在国内的合作伙伴——依元素科技取得联系。

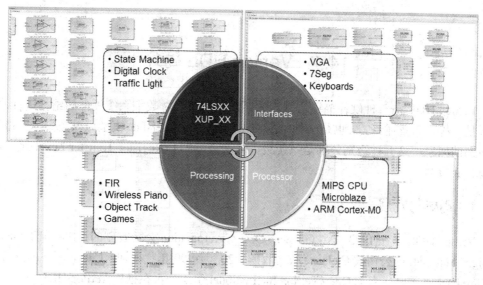

图 3-107　Xilinx 大学计划 IP 核库

第 4 章　Verilog HDL 基础

4.1　Verilog HDL 简介

Verilog HDL 是一种硬件描述语言，主要以文本形式对数字系统硬件的结构进行建模，它既是一种行为描述语言，也是一种结构描述语言。Verilog HDL 模型可以是实际电路的五种级别的抽象，这五种级别分别是系统级、算法级、RTL(Register Transfer Level)级、门级以及开关级。

4.1.1　历史与发展

Verilog HDL 是在 1983 年由 Gateway Design Automation 公司首创的。1989 年，Gateway Design Automation 公司被 Cadence 公司收购。20 世纪 90 年代初期，Cadence 公司正式发布 Verilog HDL，同时成立了 Open Verilog International 组织，旨在推广 Verilog HDL。

IEEE 于 1995 年制定了 Verilog HDL 的 IEEE 标准，即 IEEE Std 1364-1995。之后，IEEE 对 Verilog HDL 进行扩展补充，于 2001 年正式发布 IEEE Std 1364-2001 (Verilog 2001)。此后，Verilog HDL 及其标准被不断更新和修正，目前最新的标准是 IEEE364-2005，该版本对上一版本 IEEE Std 1364-2001 作出修正，并新增了 Verilog-AMS。Verilog-AMS 可作为一个独立部分对所继承的模拟和混合信号系统进行建模。

4.1.2　Verilog HDL 的特点

在设计一个复杂的硬件电路时，设计人员采取自上向下策略将其拆分为简单的功能来实现，这就是所谓的模块化设计。而 Verilog HDL 为此提供了可能。Verilog HDL 使用模块来描述硬件的基本设计单元，模块的互连和结合能够完成复杂的功能设计。这种模块化的设计有利于系统层次的划分，提高效率的同时亦降低了成本。

Verilog HDL 的主要特点：

· 基本逻辑门，例如 and、or 和 nand 等都内置在 Verilog HDL 中；开关级基本结构模型，例如 PMOS 和 NMOS 等也被内置在 Verilog HDL 中。

· 用户定义原语(UDP)创建灵活。用户定义的原语既可以是组合逻辑原语，也可以是时序逻辑原语。Verilog HDL 还具有内置逻辑函数，例如"&"(按位与)和"|"(按位或)。

· 可采用三种不同方式或混合方式对设计建模。这些方式包括：

行为描述方式——使用过程化结构建模；

数据流方式——使用连续赋值语句方式建模；

结构化方式——使用门和模块实例语句描述建模。

- 设计的规模可以是任意的，语言不对设计的规模(大小)施加任何限制。
- 能够在多个层次上对所设计的系统加以描述，如从开关级、门级、寄存器传送级(RTL)到算法级，包括进程和队列级。
- Verilog HDL 具有混合建模能力，即在一个设计中的每个模块可以在不同设计层次上建模和描述。
- 具有和高级编程语言类似的结构，例如条件语句、情况语句和循环语句。可以显式地对并发和定时进行建模。

4.1.3　Verilog HDL 与 VHDL

1987 年，VHDL(Very-High-Speed Integrated Circuit Hardware Description Language，超高速集成电路硬件描述语言)被 IEEE 和美国国防部确认为标准硬件描述语言，主要应用于数字电路的设计。

VHDL 和 Verilog HDL 都能抽象表示电路的结构和行为，支持逻辑设计中层次与领域的描述，具有电路仿真与验证机制，能够保证设计的正确性。

Verilog HDL 相比于 VHDL 来说，简单易学，其语法结构与 C 语言类似。Verilog HDL 在系统级抽象方面略差一些，但其在门级开关电路描述方面比 VHDL 强得多。考虑到多方面的因素，本书选择 Verilog HDL 进行讲述，便于读者学习和理解。

4.2　Verilog 层次建模与模块

4.2.1　层次建模

自底向上和自顶向下是 Verilog 中两种基本的层次建模设计方法。自底向上设计方法首先对现有的功能块进行分析，然后使用模块来搭建规模大一些的功能块，如此继续直至顶层模块，如图 4-1 所示。而自顶向下设计方法则首先定义顶层功能块，进而分析需要哪些必要的子模块，然后进一步对各个子模块进行分解，直到达到无法进一步分解的底层功能块，如图 4-2 所示。

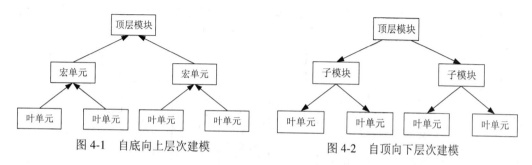

图 4-1　自底向上层次建模　　　　图 4-2　自顶向下层次建模

4.2.2　模块

Verilog 使用模块(module)表示一个基本的功能块，模块是 Verilog 语言中的基本单位。

模块可以是一个元件，也可以是低层次模块的组合。良好的模块设计可以大大提高代码的重用性。每个模块通过接口(即模块的输入和输出)同其他模块交互。接口屏蔽了模块内部的实现细节,这使得设计者可以在不修改模块接口的前提下方便地对模块的实现进行修改,而不影响设计的其他部分。

模块声明的语法结构如下, 需要注意的是模块不允许嵌套声明。

```
module    <模块名> (<模块端口列表>);
…
模块内容
…
endlemodule
```

模块内容包括变量声明和模块实现。模块实现可以根据设计需要使用四种不同的建模方式进行。根据抽象层次从低到高的顺序，这四种方式分别是开关级建模、门级建模、数据流级建模和行为级建模。开关级建模是 Verilog 所支持的最低抽象层次,通过使用开关级建模元件(如 MOS 开关)来设计模块。门级建模是从组成电路的逻辑门及其相互之间的互连关系的角度来设计模块，该层次设计与门级逻辑电路图设计类似。数据流级建模通过说明数据如何在各个电路中流动以及如何处理这些数据来对模块进行描述。行为级建模是 Verilog 所支持的最高抽象层次,其设计与 C 语言编程非常类似,设计者只注重其实现的算法，而不关心其具体的硬件实现细节。

Verilog 允许在一个模块中混合使用多个抽象层次。一般来说,抽象的层次越高,设计的灵活性和工艺无关性就越强；随着抽象层次的降低，灵活性和工艺无关性逐渐变差，微小的调整都可能导致对设计的多处修改。

4.2.3　实例化

模块提供了创建实例的模板，当一个模块被调用时会根据模板创建一个唯一的实例，每个实例都有自己的名字、变量、参数和输入输出接口。例如，已经定义了一个下降沿触发的 T 触发器(在每个下降沿状态反转)模块，为了构建三位二进制异步计数器，需要实例化三个 T 触发器,然后将上一级的输出连接到下一级的时钟输入上,其电路原理图如图 4-3 所示。

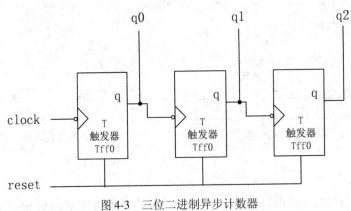

图 4-3　三位二进制异步计数器

下面为三位二进制异步计数器的 Verilog 代码。由代码可以看出模块实例化的过程实际上就是模块被调用的过程。Verilog 允许设计人员可以像设计电路一样，将模块实例相互连接组装成更加复杂的单元，实现特定的功能。同时，正是这种模块化的封装，使得 Verilog 中层次化建模成为可能。

```
module    ripple_4bit_counter (q, clk, reset);
output [2:0] q; //输出端口的信号和向量声明
input clk, reset; //输入端口的信号声明


// 假设已经定义好了 T_FF 模块，此处产生三个实例，分别命名为 tff0, tff1, tff2
T_FF tff0(q[0], clk, reset);     //  实例化 tff0，并连接信号
T_FF tff1(q[1], q[0], reset);    //  实例化 tff1，并连接信号
T_FF tff2(q[2], q[1], reset);    //  实例化 tff1，并连接信号


Endlemodule
```

4.3　Verilog HDL 基础

本节将对 Verilog HDL 的基础知识进行介绍，旨在帮读者对 Verilog HDL 的基础语法有初步的掌握。

4.3.1　基本词法

Verilog 中的基本词法约定与 C 语言类似，是大小写相关的，其中的关键字全部为小写。

1. 注释

有两种书写注释的方法：单行注释和多行注释。单行注释以"//"开始，到行尾结束。多行注释以"/*"开始，"*/"结束，但不能嵌套。

2. 标识符

标识符是用户提供的用来描述目标的名称。标识符分为普通标识符、转义标识符、生成标识符、关键字。

1) 普通标识符

普通标识符是由字母、数字、货币符号($)、下划线(_)构成的序列。第一个符号可以是字母或者下划线，例如_bus，bus_index，n$90 等。

2) 转义标识符

转义标识符以反斜杠作为起始，以空白字符结尾，例如 \{A,B}，\busa+index 等。工具不同，对转义字符串的支持可能有所不同。

3. 数字

Verilog 中包括两种数字声明：指明位数的数字和不指明位数的数字。

指明位数的数字语法格式为：

　　<size>' <radix><value>

· <size>：指定占用的位数，为可选项(可指明也可不指明)。不指明的时候，位数与仿真器有关。

· '<radix>：指定进制。d(D)：十进制；h(H)：十六进制；o(O)：八进制；b(B)：二进制。

如 4'b1111 表示 4 位二进制数，16'h3a6f 则表示一个 16 位的十六进制数。如果在数字声明中没有指定数制，则默认为十进制数。如果没有指定位数，则默认的位数与使用的计算机有关(最小为 32 位)。

除了第一个字符，下划线"_"可以出现在数字中的任何位置，它的作用只是提高可读性，在编译阶段将被忽略掉，如 8'b1101_1010。

4. 实数

· Verilog 支持的实数类型：常量和变量；
· 实数不能包含"Z"和"X"；
· 实数可以用十进制或科学记数法来指定；
· 实数转换成整数时，四舍五入到最接近的整数。

语法格式：

　　< value >.< value >

　　< mantissa >E< exponent >

5. 字符串

字符串是用双引号括起来的多个字符，不能跨行。使用反斜线可以对特殊字符进行转义。示例：

　　HELLO WORLD \n

4.3.2　数据类型

1. Verilog 的四种基本值

Verilog HDL 有四种基本的逻辑数值状态，用数字或字符表达数字电路中传送的逻辑状态和存储信息。Verilog HDL 逻辑数值中，x 和 z 都不区分大小写。也就是说，0x1z 和 0X1Z 是等同的。

Verilog HDL 的四值逻辑电平：0，1，x，z。

· 0：逻辑低电平、逻辑 0、条件为假；
· 1：逻辑高电平、逻辑 1、条件为真；
· z：高阻态；
· x：不确定或未知逻辑电平。

Verilog HDL 的数据类型用来表示数字电路中的数据存储及传输的要素。

2. 线网

线网型变量体现了结构实体之间的物理连接，不保存数据值，由驱动元件决定信号的值。线网可以被门、模块或逻辑等持续地驱动，默认的初始值为 z。线网(net)表示硬件单元之间的连接。就像在真实的电路中一样，线网由其连接器件的输出端连续驱动。线网一般使用关键字 wire 进行声明，默认位宽为 1。

```
wire in1;        //声明一个名为 in1 的线网变量
wire ou1, ou2; // 声明一个名为 ou1 和一个名为 ou2 的线网变量
```

3. 寄存器

寄存器类型通常用于对存储单元的描述，如 D 型触发器、ROM 等。当存储器类型的信号在某种触发机制下被分配了一个值时，在分配下一个值时保留原值。寄存器的默认位宽为 1。

```
reg cnt;        //1 位寄存器，没有定义范围，缺省值为 1 位寄存器
```

除了 reg 寄存器类型外，还有 integer 寄存器、real 寄存器、time 寄存器，这些类型的寄存器主要用于建模仿真，在 FPGA 编程中较少使用。其具体使用可以参考 Verilog 标准或者 Verilog 编程语言书籍。

4. 向量

线网和寄存器类型的数据均可以声明为向量(位宽大于 1)。如果在声明中没有指定位宽，则默认为标量(1 位)。向量通过[high# : low#]或[low# : high#]进行说明，方括号中左边的数总是代表向量的最高有效位。向量引用时，可以指定其中的一位或几位。

```
wire [3:0] a; // 声明一个名为 a 的 4 位线网变量
a[0]         // 取向量 a 的第 0 位
a[2:1]       // 取向量 a 的第 2 到 1 位
reg [3:0] b; // 声明一个名为 b 的 4 位寄存器变量
b[0]         // 取向量 b 的第 0 位
b[2:1]       // 取向量 b 的第 2 到 1 位
```

5. 数组

Verilog 允许声明寄存器类型的数据(包括 reg、integer、time、real)以及向量类型的数组。对数组的维数没有限制，即可以声明任意维数的数组。数组中的每个元素都是一个标量或一个向量。

```
reg count[31:0];              // 声明 32 个寄存器变量组成的数组
reg [7:0] my_input [255:0];   // 由 256 个元素组成的寄存器型数组，每个元素位宽为 8
                              // 也可以看成一个 256 字节(8 位)的存储器
wire [7:0] w_a [5:0];         //声明 8 位向量的数组
```

注意不要将数组同线网或寄存器向量相混淆。向量是一个单独的元件，它的位宽为 n；数组由多个元件组成，其中每个元件的位宽为 n 或 1。

6. 参数

参数是一个常量，经常用于定义时延和变量的宽度。参数代表常数，不能像变量那样

赋值，但是每个模块实例的参数值可以在编译阶段被重载。通过参数重载使得用户可以对模块实例进行定制。

4.3.3 表达式

Verilog 中的表达式与 C 语言类似，表达式由操作数和运算符组成。

1. 操作数

操作数包括常数、参数、线网、寄存器、位选择、部分选择、存储器单元、函数调用。

2. 运算符

(1) 算术运算符，如表 4-1 所示。

表 4-1　算术运算符

运算符符号	运 算 符 说 明
+	加法运算符，或正值运算符，如 rega＋regb，＋3
－	减法运算符，或负值运算符，如 rega－3，－3
*	乘法运算符，如 rega*3
/	除法运算符，如 5/3
%	模运算符，或称为求余运算符，要求%两侧均为整型数据。如 8%3 的值为 2

(2) 关系运算符，如表 4-2 所示。

表 4-2　关系运算符

运算符符号	运 算 符 说 明
>	大于
<	小于
>=	大于等于
<=	小于等于

(3) 等式运算符，如表 4-3 所示。

表 4-3　等式运算符

运算符符号	运 算 符 说 明
==	== 和 != 又称为逻辑等式运算符。其结果由两个操作数的值决定
!=	
===	=== 和 !== 运算符在对操作数进行比较时对某些位的不定值 x 和高阻值 z 也进行比较，两个操作数必须完全一致，其结果才是 1，否则为 0。
!==	=== 和 !== 运算符常用于 case 表达式的判别，所以又称为 case 等式运算符

(4) 逻辑运算符，"&&"、"‖"、"！" 分别表示逻辑与、逻辑或以及逻辑非。表 4-4 为逻辑运算的真值表，它表示当 a 和 b 的值为不同组合时，各种逻辑运算所得到的值。

表 4-4　逻辑运算真值表

a	b	!a	!b	a&&b	a‖b
真	真	假	假	真	真
真	假	假	真	假	真
假	真	真	假	假	真
假	假	真	真	假	假

(5) 按位操作符，如表 4-5 所示。

表 4-5　按位操作符

运算符符号	运算符说明
~	一元非
&	二元与
‖	二元或
~^, ^~	二元异或非

(6) 归约运算符，如表 4-6 所示。

表 4-6　归约运算符

运算符符号	运算符说明
&	归约与，如果存在位值为 0，那么结果为 0；如果存在位值为 x 或 z，结果为 x；否则结果为 1
~&	归约与非，归约操作符&取反
‖	归约或，如果存在位值为 1，那么结果为 1；如果存在位值为 x 或 z，结果为 x；否则结果为 0
~‖	归约或非，归约操作符‖取反
^	归约异或，如果存在位值为 x 或 z，那么结果为 x；如果操作数中有偶数个 1，结果为 0；否则结果为 1
~^	归约异或非，与归约操作符^正好相反

(7) 移位运算符，"<<"表示左移，">>"表示右移。

移位运算符左侧的操作数表示被移位数，移位运算符右侧的操作数表示被移动的次数，它是一个逻辑移位。空闲位添 0 补位。如果右侧操作数的值为 x 或 z，则移位操作的结果为 x。

(8) 条件操作符，形式如下：

cond_expr ? expr1 : expr2

如果 cond_expr 为真(即值为 1)，选择 expr1；如果 cond_expr 为假(值为 0)，选择 expr2；如果 cond_expr 为 x 或 z，结果将按 expr1 和 expr2 按位操作的值来确定：0 与 0 得 0，1 与 1 得 1，其余情况为 x。

(9) 连接操作符。连接运算符将小表达式合并形成大表达式，形式如下：

{expr1, expr2, … , exprN}

3. 操作符的优先级

表 4-7 所示为 Verilog HDL 中操作符的优先级。

表 4-7　Verilog HDL 中操作符的优先级

操作符	优先级 (1 为最高，依次递减)	操作符	优先级 (1 为最高，依次递减)
+, -, !, ~ (单目运算符)	1	&, ~&	8
**	2	^, ~^ 或者 ^~	9
*, /, %	3	|, ~|	10
+, - (二元运算符)	4	&&	11
<<, >>, <<<, >>>	5	||	12
<, <=, >, >=	6	?:	13
==, !=, ===, !==	7		

4.3.4　模块端口

在模块的定义中包括一个可选的端口列表。如果模块和外部环境没有交换任何信号，则可以没有端口列表。模块通过端口(port)与外界进行通信。

1. 端口声明

Verilog 中，所有的端口隐含地声明为 wire 类型，因此如果希望端口具有 wire 数据类型，将其声明为输入、输出、双向三种类型之一即可。如果输出类型的端口需要保存数值，则必须将其显式地声明为 reg 数据类型。

Verilog 中的端口包括以下三种类型：

- input：输入端口。
- output：输出端口。
- inout：双向端口。

```
module and2 (o, i1, i2);
// 端口声明
output o;
input i1, i2;
// 端口声明结束
…
// 模块内容
…
endmodule
```

2. 端口连接规则

一个端口可以看成是由相互连接的两个部分组成，一部分在模块内部，另一部分在模块外部。当在一个模块中调用(实例引用)另一个模块时，端口之间的连接必须遵守一些规则，具体如下：

(1) 输入端口类型规则。从模块内部来看，输入端口必须为线网数据类型；从模块外部来看，输入端口可以连接到线网或 reg 数据类型的变量。

(2) 双向端口类型规则。从模块内部来看，双向端口必须为线网数据类型；从模块外部来看，双向端口也必须连接到线网类型的变量。

(3) 输出端口类型规则。从模块内部来看，输出端口可以是线网或 reg 数据类型；从模块外部来看，输出端口必须连接到线网类型的变量，而不能连接到 reg 类型的变量。

(4) 未连接端口规则。Verilog 允许模块实例的端口保持未连接的状态。例如，如果模块的某些输出端口只用于调试，那么这些端口可以不与外部信号连接。

(5) 位宽匹配规则。在对模块进行调用(实例引用)的时候，Verilog 允许端口的内、外两个部分具有不同的位宽，但编译器会对此给予警告。

3. 端口与外部信号的连接

在对模块调用(实例引用)的时候，可以使用两种方法将模块定义的端口与外部环境中的信号连接起来：顺序端口连接以及命名端口连接。

(1) 顺序端口连接。需要连接到模块实例的信号必须与模块声明时目标端口在端口列表中的位置保持一致。

(2) 命名端口连接。当模块具有很多端口时，要记住端口在端口列表中的顺序是很困难的，而且容易出错。命名端口连接不按照位置连接，而是将端口和相应的外部信号按照其名字进行连接。端口连接可以以任意顺序出现，只要保证端口和外部信号的正确匹配即可。在进行命名端口连接时，可以将不需要连接的端口简单地忽略掉即可。

```
reg [3:0] A, B;
reg C_IN;
wire [3:0] SUM;
wire C_OUT;

fulladder4 f1example(SUM, C_OUT, A, B, C_IN); // 顺序端口连接
fulladder4 f2example(.c_out(C_OUT), .sum(SUM), .b(B), .a(A), .c_in(C_IN),); //命名端口连接

module fulladd4(sum, c_out, a, b, c_in);
…
endmodule
```

4.4　门级建模与数据流建模

4.4.1　门级建模

逻辑电路可以通过逻辑门来设计，Verilog 通过逻辑门原语来支持基于逻辑门的逻辑电

路设计。这些门的调用(实例化)与自定义模块的调用相同。Verilog 支持的门级原语主要包括与门(and)、或门(or)、与非门(nand)、或非门(nor)、异或门(xor)、同或门(xnor)、反相器(not)、缓冲器(buf)。

在门级实例引用时，可不指定具体实例的名字。当调用输入端口数目超过两个时，Verilog 会自动选择合适的逻辑门。

这里以一个带有两个控制信号的四选一多路选择器为例，介绍 Verilog 中的门级建模技术。假设控制信号 s0 和 s1 是不能为 x 或者 z 值的。图 4-4 为四选一多路选择器逻辑图。由于逻辑图与门级建模存在一一对应关系，因此可以按照逻辑图编写 Verilog 代码。

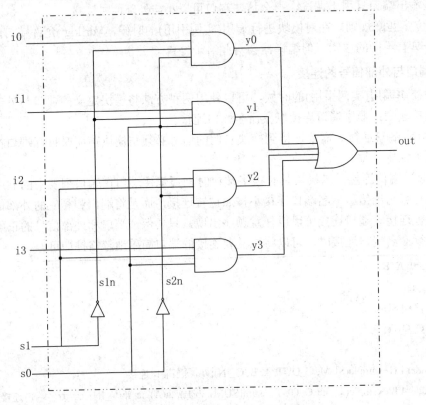

图 4-4　四选一多路选择器逻辑图

```
// 四选一多路选择器模块。端口列表直接取自于输入/输出图
module mux4_to_1 (out, i0, i1, i2, i3, s1,s0);
// 直接取自于输入/输出图的端口声明语句
output out;
input   i0, i1, i2, i3;
input   s1, s0
// 内部线网声明
wire    s1n, s0n;
wire    y0, y1, y2, y3;
```

```
// 生成 s1n 和 s0n 信号
not (s1n, s1);
not (s0n, s0);
// 调用(实例引用)三输入与门
and (y0, i0, s1n, s0n);
and (y1, i1, s1n, s0);
and (y2, i2, s1, s0n);
and (y3, i3, s1, s0);
// 调用(实例引用)四输入或门
or (out, y0, y1, y2, y3);
endmodule
```

4.4.2　数据流建模

连续赋值语句是数据流建模的基本语句，用于对线网进行赋值。其等价于门级描述，然而是从更高的抽象角度对电路进行的描述。连续赋值语句必须以 assign 关键字开始。

连续赋值语句的主要特点为：

(1) 连续赋值语句的左值必须是一个标量或向量线网，或者是标量或向量线网的连接，而不能是标量或向量寄存器。

(2) 连续赋值语句总是处于激活状态。只要任意一个操作数发生变化，表达式就会被立即重新计算，并且将结果赋给等号左边的线网。

(3) 操作数可以是标量或向量的线网或寄存器，也可以是函数调用。

这里给出一个通过数据流建模实现四选一多路选择器的例子。注意这里的接口模块描述与 4.4.1 节中的相同，请读者对照 4.4.1 节代码体会不同抽象层建模的区别与联系。

```
// 用数据流描述的四选一多路选择器模块，采用了逻辑方程
// 用来与门级描述的模型进行比较
module mux4_to_1 (out, i0, i1, i2, i3, s1,s0);

// 来自于输入/输出图的端口声明
output out;
input   i0, i1, i2, i3;
input   s1, s0

// 产生输出 out 的逻辑方程
assign out = (~s1 & s0 & i0)|
             (~s1 & s0 & i1)|
             (s1 & ~s0 & i2)|
             (s1 & s0 & i3) ;
endmodule
```

4.5　Verilog 行为建模

4.5.1　过程块

行为建模主要由 initial 过程块和 always 过程块实现。模块中包含的多个 initial 和 always 语句从 0 时刻开始并行执行，与顺序无关。

1. initial 过程块

Initial 过程块只执行一次，即在仿真开始时执行，且 initial 不可被综合。

语法格式：

```
initial begin
    语句块
end
```

示例：

```
1    module initial_example();
2        reg clk, reset, enable, data;
3        initial begin
4            clk = 0;
5            reset = 0;
6            enable = 0;
7            data = 0;
8        end
9    endmodule
```

2. always 过程块

与 initial 过程块不同的是，always 过程块可重复执行，且可被综合。

语法格式：

```
always
    [timing_control] procedural_statement
```

示例：

```
1    module always_example();
2        reg clk, reset, enable, q_in, data;
3        always @ (posedge clk)
4            if (reset)
5                begin
6                    data <= 0;
7                end
8            else if (enable)
```

```
9                      begin
10                         data <= q_in;
11                     end
12          endmodule
```

在一个 always 块中，当触发事件发生时，begin 和 end 之间的代码被执行一次，然后等待该事件再次触发。这个等待和执行事件的过程是重复进行的。

3. 过程赋值语句

过程块中的语句称为过程赋值语句。过程赋值语句可将值赋给 reg、integer、real，或者 time variables 类型的变量，不能赋值给 net 类型的变量。可以将 net(wire)类型、reg 类型的变量赋值给寄存器类型变量。

示例：

```
1   module initial_good();
2       reg clk, reset, enable, data;
3       initial begin
4       clk = 0;
5       reset = 0;
6       enable = 0;
7       data = 0;
8       end
9   endmodule
```

4.5.2　块语句

包含多个语句的程序块必须被放在顺序块(begin-end 块，顺序执行)或并行块(fork-join 块，并行执行)中。

1. 顺序块

顺序块内的语句是按顺序执行的，即只有上面一条语句执行完后，下面的语句才能执行。每条语句的延迟时间是相对于前一条语句的仿真时间而言的。直到最后一条语句执行完，程序流程控制才跳出该语句块。

顺序块示例：

```
1   module initial_begin_end();
2       reg clk, reset, enable, data;
3       initial begin
4           $monitor(
5           "%g clk=%b reset=%b enable=%b data=%b",
6           $time, clk, reset, enable, data);
7           #1   clk = 0;
8           #10 reset = 0;
9           #5   enable = 0;
```

```
10              #3   data = 0;
11              #1 $finish;
12          end
13      endmodule
```

模拟器输出：

```
0 clk = x reset = x enable = x data = x
1 clk = 0 reset = x enable = x data = x
11 clk = 0 reset = 0 enable = x data = x
16 clk = 0 reset = 0 enable = 0 data = x
19 clk = 0 reset = 0 enable = 0 data = 0
```

2. 并行块

并行块内的语句是同时执行的，即程序流程控制一旦进入到该并行块，块内语句则开始同时并行地执行。并行块内每条语句的延迟时间是相对于程序流程控制进入到块内时的仿真时间的。延迟时间是用来给赋值语句提供执行时序的。当按时序排在最后的语句执行完后或一个 disable 语句执行时，程序流程控制跳出该程序块。

并行块示例：

```
1   module initial_fork_join();
2       reg clk, reset, enable, data;
3       initial begin
4               $monitor("%g clk=%b reset=%b enable=%b data=%b";
5               $time, clk, reset, enable, data);
6               fork
7               #1   clk = 0;
8               #10 reset = 0;
9               #5   enable = 0;
10              #3   data = 0;
11              join
12              #1 $display ("%g Terminating simulation", $time);
13              $finish;
14      end
15      endmodule
```

模拟器输出：

```
0 clk=x reset=x enable=x data=x
1 clk=0 reset=x enable=x data=x
3 clk=0 reset=x enable=x data=0
5 clk=0 reset=x enable=0 data=0
10 clk=0 reset=0 enable=0 data=0
11 terminating simulation
```

4.5.3　时间控制语句

1. 延时控制

延时控制语句用于指定特定的仿真时间，以便顺序延迟程序的执行。

语法格式：

```
#<time><statement>;
```

示例：

```
1    module clk_gen ();
2        reg clk, reset;
3        initial begin
4            $monitor ("TIME = %g RESET = %b CLOCK = %b", $time, reset, clk);
5            clk = 0;
6            reset = 0;
7            #2 reset = 1;
8            #5 reset = 0;
9            #10 $finish;
10       end
11       always #1 clk = !clk;
12   endmodule
```

模拟器输出：

```
TIME = 0     RESET = 0 CLOCK = 0
TIME = 1     RESET = 0 CLOCK = 1
TIME = 2     RESET = 1 CLOCK = 0
TIME = 3     RESET = 1 CLOCK = 1
TIME = 4     RESET = 1 CLOCK = 0
TIME = 5     RESET = 1 CLOCK = 1
TIME = 6     RESET = 1 CLOCK = 0
TIME = 7     RESET = 0 CLOCK = 1
TIME = 8     RESET = 0 CLOCK = 0
TIME = 9     RESET = 0 CLOCK = 1
TIME = 10    RESET = 0 CLOCK = 0
TIME = 11    RESET = 0 CLOCK = 1
TIME = 12    RESET = 0 CLOCK = 0
TIME = 13    RESET = 0 CLOCK = 1
TIME = 14    RESET = 0 CLOCK = 0
TIME = 15    RESET = 0 CLOCK = 1
TIME = 16    RESET = 0 CLOCK = 0
```

2. 边缘敏感事件控制

该控制语句的功能是：当指定的信号发生敏感变换(如上升沿或下降沿)时，执行下一个程序。

语法结构：

@ (< posedge >|< negedge > signal) < statement >

示例：

```
1    module edge_wait_example();
2          reg enable, clk, trigger;
3          always @ (posedge enable)
4          begin
5              trigger = 0;
6              //等待 5 个时钟周期
7              repeat (5) begin
8                  @ (posedge clk);
9              end
10             trigger = 1;
11         end
12     //测试代码
13     initial begin
14         $monitor("TIME : %g CLK : %b ENABLE : %b TRIGGER : %b", $time, clk,
    enable, trigger);
15         clk = 0;
16         enable = 0;
17         #5    enable = 1;
18         #1    enable = 0;
19         #10 enable = 1;
20         #1    enable = 0;
21         #10 $finish;
22     end
23     always
24     #1 clk = ~clk;
25   endmodule
```

模拟器输出：

```
TIME : 0 CLK : 0 ENABLE : 0 TRIGGER : x
TIME : 2 CLK : 0 ENABLE : 0 TRIGGER : x
TIME : 3 CLK : 1 ENABLE : 0 TRIGGER : x
TIME : 4 CLK : 0 ENABLE : 0 TRIGGER : x
TIME : 5 CLK : 1 ENABLE : 1 TRIGGER : 0
```

TIME : 6 CLK : 0 ENABLE : 0 TRIGGER : 0

TIME : 8 CLK : 0 ENABLE : 0 TRIGGER : 0

TIME : 9 CLK : 1 ENABLE : 0 TRIGGER : 0

TIME : 10 CLK : 0 ENABLE : 0 TRIGGER : 0

TIME : 11 CLK : 1 ENABLE : 0 TRIGGER : 0

TIME : 12 CLK : 0 ENABLE : 0 TRIGGER : 0

TIME : 13 CLK : 1 ENABLE : 0 TRIGGER : 0

TIME : 15 CLK : 1 ENABLE : 0 TRIGGER : 1

TIME : 16 CLK : 0 ENABLE : 1 TRIGGER : 0

TIME : 17 CLK : 1 ENABLE : 0 TRIGGER : 0

TIME : 18 CLK : 0 ENABLE : 0 TRIGGER : 0

TIME : 19 CLK : 1 ENABLE : 0 TRIGGER : 0

TIME : 20 CLK : 0 ENABLE : 0 TRIGGER : 0

TIME : 21 CLK : 1 ENABLE : 0 TRIGGER : 0

TIME : 22 CLK : 0 ENABLE : 0 TRIGGER : 0

TIME : 23 CLK : 1 ENABLE : 0 TRIGGER : 0

TIME : 24 CLK : 0 ENABLE : 0 TRIGGER : 0

TIME : 25 CLK : 1 ENABLE : 0 TRIGGER : 1

TIME : 26 CLK : 0 ENABLE : 0 TRIGGER : 1

3. 电平敏感事件控制语句

该控制语句的功能是：当指定的表达式为真时，执行下一个程序。

语法格式：

wait (< expression >) < statement >;

示例：

```
1     module wait_example();
2          reg mem_read, data_ready;
3          reg [7:0] data_bus, data;
4          always @ (mem_read or data_bus or data_ready)
5          begin
6                  data = 0;
7                  while (mem_read == 1'b1) begin
8              // #1 可以避免无限循环
9                      wait (data_ready == 1) #1 data = data_bus;
10                 end
11         end
12      //测试代码
13       initial begin
14              $monitor ("TIME = %g READ = %b READY = %b DATA = %b",
```

15　　　　　　　$time, mem_read, data_ready, data);

16　　　　　　　data_bus = 0;

17　　　　　　　mem_read = 0;

18　　　　　　　data_ready = 0;

19　　　　　　　#10 data_bus = 8'hDE;

20　　　　　　　#10 mem_read = 1;

21　　　　　　　#20 data_ready = 1;

22　　　　　　　#1　mem_read = 1;

23　　　　　　　#1　data_ready = 0;

24　　　　　　　#10 data_bus = 8'hAD;

25　　　　　　　#10 mem_read = 1;

26　　　　　　　#20 data_ready = 1;

27　　　　　　　#1mem_read = 1;

28　　　　　　　#1data_ready = 0;

29　　　　　　　#10 $finish;

30　　　　end

31　　endmodule

模拟器输出：

TIME = 0　READ = 0 READY = 0 DATA = 00000000

TIME = 20 READ = 1 READY = 0 DATA = 00000000

TIME = 40 READ = 1 READY = 1 DATA = 00000000

TIME = 41 READ = 1 READY = 1 DATA = 11011110

TIME = 42 READ = 1 READY = 0 DATA = 11011110

TIME = 82 READ = 1 READY = 1 DATA = 11011110

TIME = 84 READ = 1 READY = 0 DATA = 10101101

4.5.4　赋值语句

1. 阻塞赋值语句

阻塞赋值语句按照顺序执行，在下一条语句执行之前当前语句必须被执行完。赋值符号为 "="。例如：a=b。

2. 非阻塞赋值

非阻塞赋值是并行执行的，下一条语句的执行并不会因为当前语句的执行而被阻塞。赋值符号为 "<="，例如：a<=b。

示例：

1　　module blocking_nonblocking();

2　　　　reg a, b, c, d;

3　　// 阻塞赋值

4　　　　initial begin

```
5                    #10 a = 0;
6                    #11 a = 1;
7                    #12 a = 0;
8                    #13 a = 1;
9            end
10   // 非阻塞赋值
11       initial begin
12                    #10 b <= 0;
13                    #11 b <= 1;
14                    #12 b <= 0;
15                    #13 b <= 1;
16       end
17       initial begin
18                    c = #10 0;
19                    c = #11 1;
20                    c = #12 0;
21                    c = #13 1;
22       end
23       initial begin
24                    d <= #10 0;
25                    d <= #11 1;
26                    d <= #12 0;
27                    d <= #13 1;
28       end
29       initial begin
30                    $monitor("TIME = %g A = %b B = %b C = %b D = %b", $time, a, b, c, d);
31                    #50 $finish;
32       end
33   endmodule
```

模拟器输出：

```
TIME = 0 A = x B = x C = x D = x
TIME = 10 A = 0 B = 0 C = 0 D = 0
TIME = 11 A = 0 B = 0 C = 0 D = 1
TIME = 12 A = 0 B = 0 C = 0 D = 0
TIME = 13 A = 0 B = 0 C = 0 D = 1
TIME = 21 A = 1 B = 1 C = 1 D = 1
TIME = 33 A = 0 B = 0 C = 0 D = 1
TIME = 46 A = 1 B = 1 C = 1 D = 1
```

4.5.5　控制语句

1. 条件语句

if 语句用来判定所给定的条件是否满足，根据判定的结果(真或假)对应执行给出的两种操作之一。

语法格式：

① if (condition)
　　statements;

② if (condition)
　　statements;
　else
　　statements;

③ if (condition)
　　statements;
　else if (condition)
　　statements;
　...
　...
　else
　　statements;

示例：

```
1   module if_else();
2       reg dff;
3       wire clk, din, reset;
4       always @ (posedge clk)
5       if (reset) begin
6           dff <= 0;
7       end else begin
8           dff <= din;
9       end
10  endmodule
```

2. case 语句

case 语句将表达式与一系列情况进行比较，并执行与第一个匹配的情况关联的语句或语句组。case 语句支持单个或多个语句，可以使用开始和结束关键字来组成多个语句。

语法格式：

```
case ()
    < case1 > : < statement >;
```

```
        < case2 > : < statement >;
        ...
        default : < statement >;
    endcase
```

示例：

```
1    module mux (a, b, c, d, sel, y);
2        input a, b, c, d;
3        input [1:0] sel;
4        output y;
5        reg y;
6        always @ (a or b or c or d or sel)
7            case (sel)
8                0 : y = a;
9                1 : y = b;
10               2: y = c;
11               3: y = d;
12               default : $display("Error in SEL");
13           endcase
14   endmodule
```

3. 循环语句

循环语句出现在程序块中。Verilog HDL 语言有四种循环语句：

- forever：连续执行语句。
- repeat：连续执行一条语句 n 次。
- while：执行一条语句直到某个条件不满足。如果一开始条件即不满足(为假)，则语句一次也不能被执行。
- for：先给控制循环次数的变量赋初值，然后判定控制循环的表达式的值，如为假则跳出循环语句，如为真则执行一条赋值语句以修正控制循环变量次数的变量的值，然后继续判定控制循环的表达式的值，以此循环。

1) forever 语句

forever 语句永远执行从不结束，通常会在 initial 块中使用 forever 语句。在过程语句中必须使用某种形式的时序控制，否则 forever 循环将在 0 时延后永远循环。

语法结构：

```
    forever < statement >;
```

下面的代码中，forever 语句包含一个时序构造。

示例：

```
1    module forever_example ();
2        reg clk;
3        initial begin
```

```
4            #1 clk = 0;
5            forever begin
6                #5 clk = !clk;
7            end
8        end
9        initial begin
10            $monitor ("Time = %d    clk = %b", $time, clk);
11            #100 $finish;
12        end
13    endmodule
```

2) repeat 语句

语法结构：

repeat (< number >) < statement >;

示例：

```
1    module repeat_example();
2        reg   [3:0] opcode;
3        reg   [15:0] data;
4        reg   temp;
5        always @ (opcode or data)
6        begin
7            if (opcode == 10) begin
8            // Perform rotate
9                repeat (8) begin
10                    #1 temp = data[15];
11                    data = data << 1;
12                    data[0] = temp;
13                end
14            end
15        end
16    // 测试代码
17        initial begin
18            $display (" TEMP    DATA");
19            $monitor (" %b        %b ", temp, data);
20            #1 data = 18'hF0;
21            #1 opcode = 10;
22            #10 opcode = 0;
23            #1 $finish;
24        end
25    endmodule
```

3) while

条件为真时，while 语句会被执行。

语法结构：

　　while (< expression >) < statement >;

示例：

```
1    module while_example();
2        reg [5:0] loc;
3        reg [7:0] data;
4        always @ (data or loc)
5        begin
6            loc = 0;
7            if (data == 0) begin
8            loc = 32;
9            end else begin
10               while (data[0] == 0) begin
11                       loc = loc + 1;
12                       data = data >> 1;
13                   end
14               end
15               $display ("DATA = %b    LOCATION = %d", data, loc);
16           end
17   initial begin
18       #1 data = 8'b11;
19       #1 data = 8'b100;
20       #1 data = 8'b1000;
21       #1 data = 8'b1000_0000;
22       #1 data = 8'b0;
23       #1 $finish;
24   end
25   endmodule
```

4) for 循环语句

for 循环一旦开始，即执行一个初始的赋值语句。在条件为真的情况下，循环中的语句会被执行。每一次执行完循环中的语句，会执行一次 step。

语法结构：

　　for (< initial assignment >; < expression >, < step assignment >) <statement >

它的执行过程如下：

① 求解表达式 initial assignment；

② 求解表达式 expression，若其值为真(非 0)，则执行 for 语句中指定的内嵌语句，然

后执行下面的第③步。若为假(0)，则结束循环，转到第⑤步。

③ 执行指定的语句后，求解表达式 step assignment。

④ 转回上面的第②步骤继续执行。

⑤ 执行 for 语句下面的语句。

示例：

```
1    module for_example();
2        integer i;
3        reg [7:0] ram [0:255];
4        initial begin
5            for (i = 0; i < 256; i = i + 1) begin
6                #1 $display(" Address = %g    Data = %h", i, ram[i]);
7                ram[i] <= 0;              // Initialize the RAM with 0
8                #1 $display(" Address = %g    Data = %h", i, ram[i]);
9            end
10           #1 $finish;
11       end
12   endmodule
```

4.5.6　task 和 function

1. task

task，即任务。在 task...endtask 模块中，task 接收数据，完成处理后，将结果返回。task 可以被定义在使用它们的模块中，也可以被定义在一个单独的文件中。在其他文件中实例化 task 时使用编译指令 include 来导入 task。

task 中声明的变量是局部变量。task 中声明变量的顺序定义了调用方传递给 task 中的变量的顺序。

语法结构：

· task 以关键词 task 开始，以 endtask 关键词结束；

· 输入和输出被声明在关键字 task 之后；

· 局部变量在输入和输出声明后声明。

任务声明示例(任务 convert 存储在 mytask.v 文件中)：

```
1    module simple_task();
2    task convert;
3    input [7:0] temp_in;
4    output [7:0] temp_out;
5    begin
6    temp_out = (9/5) *( temp_in + 32)
7        end
8        endtask
```

```
9    endmodule
```

任务调用示例：

```
1    module   task_calling (temp_a, temp_b, temp_c, temp_d);
2        input [7:0] temp_a, temp_c;
3        output [7:0] temp_b, temp_d;
4        reg [7:0] temp_b, temp_d;
5        `include "mytask.v"
6        always @ (temp_a)
7        begin
8            convert (temp_a, temp_b);
9        end
10       always @ (temp_c)
11       begin
12           convert (temp_c, temp_d);
13       end
14   endmodule
```

2. function

function，即函数。在 Verilog HDL 中，function 和 task 类似，但有着微妙的不同。例如，function 不能够驱动多个输出，不能包含延时。function 既可以被定义在所使用的模块中，也可以被定义在单独的文件中。在实例化 function 的文件中使用编译指令 include 来包含。function 不包括时间延迟，比如 posedge、negedge、#延时，这意味着 function 应在 "零"时间延时执行。function 可以有任意数量的输入，但只有一个输出。

在 function 中声明的变量是局部的。function 中声明的顺序定义了调用方传递给函数的变量是如何使用的。当没有任何局部变量时，function 可以使用、驱动和获得全局变量。当使用局部变量时，基本输出只在函数执行结束时赋值。function 可用于组合逻辑的建模。function 可以调用其他 function，但不能调用 task。

function 以关键字 function 开始，以关键字 endfunction 结束，在关键字 function 后声明输入。

函数声明示例(函数 myfunction 存储在 myfunction.v 文件中)：

```
1    module simple_function();
2    function  myfunction;
3        input a, b, c, d;
4        begin
5            myfunction = ((a+b) + (c-d));
6        end
7    endfunction
8    endmodule
```

函数调用：

```
1    module   function_calling(a, b, c, d, e, f);
2        input a, b, c, d, e ;
3        output f;
4        wire f;
5        `include "myfunction.v"
6        assign f = (myfunction (a, b, c, d)) ? e :0;
7    endmodule
```

第 5 章　基于 Vivado 的 FPGA 设计案例

5.1　流水灯设计

5.1.1　实验要求

设计一个流水灯模块，利用按键 RESET 和开关 SW0 控制实验板上的 16 个 LED 灯依次亮灭。16 个 LED 灯从左至右依次为 D1，D2，D3，…，D15，D16。当开关 SW0 为低电平时，16 个 LED 灯按次序从右至左亮灭。即 D16 亮，其余灭；D15 亮，其余灭；D14 亮，其余灭，直到 D1 亮，其余灭，然后依此规律循环。开关 SW0 拨至高电平时，LED 灯从 D1 开始，依次序从左至右亮灭。每两个 LED 灯之间亮灭时间间隔为 1 s。按下按键 RESET 后，LED 灯从最右端的 D16 开始依次序亮灭。

5.1.2　设计方案

根据设计的功能要求，每次亮的灯向左或向右移动一位，所以可以通过设计一个控制器使输出信号向左或向右移位来实现。又因为 LED 灯亮灭移动的时间间隔为 1 s，因此控制器的时钟信号频率应为 1 Hz。而开发板提供的默认时钟频率为 100 MHz，因此首先需要一个分频器，以得到频率为 1 Hz 的信号，然后以频率 1 Hz 的信号作为控制器的时钟，控制 16 位的输出信号每次向左或向右移位。按键 RESET 作为复位信号，按下后 LED 灯从最右端 D16 开始依次序亮灭。系统组成框图如图 5-1 所示。

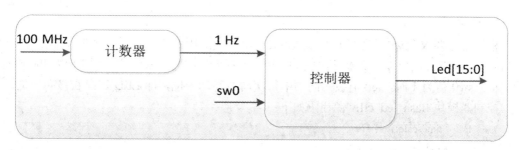

图 5-1　系统设计框图

5.1.3　系统设计

1. 计数器

本模块分频器的设计采用两个计数器相乘的方法实现。设计中输入时钟信号为 100 MHz。

若用一个计数器，计数值将会非常庞大，因此采用两个 14 位的计数器 cnt_first、cnt_second 共同完成。每个计数器的计数范围为 1~10 000。

计数器模块 counter.v 源代码如下：

```
1    `timescale 1ns / 1ps
2    module counter(
3            input clk,
4              input rst,
5              output clk_bps
6              );
7              reg [13:0]cnt_first, cnt_second;
8              always @( posedge clk or posedge rst )
9                  if( rst )
10                      cnt_first <= 14'd0;
11                  else if( cnt_first == 14'd10000 )
12                      cnt_first <= 14'd0;
13                  else
14                      cnt_first <= cnt_first + 1'b1;
15              always @( posedge clk or posedge rst )
16                  if( rst )
17                      cnt_second <= 14'd0;
18                  else if( cnt_second == 14'd10000 )
19                      cnt_second <= 14'd0;
20                  else if( cnt_first == 14'd10000 )
21                      cnt_second <= cnt_second + 1'b1;
22              assign clk_bps = cnt_second == 14'd10000 ? 1'b1 : 1'b0;
23   endmodule
```

2. 控制器

根据设计要求，sw0 信号的值控制 led[15:0]值变化。因此可以设计一个控制器，当 sw0 值为零时，led[15:0]值以计数器输出的 clk_bps 为频率每次向左移一位，即 LED 灯向左移动一位；sw0 值为 1 时，led 值按相同频率每次向右移动一位，即 LED 灯向右移动一位。

控制器模块 flash_led_ctl.v 源代码如下：

```
1    `timescale 1ns / 1ps
2    module flash_led_ctl(
3            input clk,
4            input rst,
5            input dir,
6            input clk_bps,
7            output reg[15:0]led
```

```
8                    );
9                    always @( posedge clk or posedge rst )
10                       if( rst )
11                          led <= 16'h8000;
12                       else
13                          case( dir )
14                             1'b0:                    //从右向左
15                                if( clk_bps )
16                                   if( led != 16'd1 )
17                                      led <= led >> 1'b1;
18                                   else
19                                      led <= 16'h8000;
20                             1'b1:                    //从左向右
21                                if( clk_bps )
22                                   if( led != 16'h8000 )
23                                      led <= led << 1'b1;
24                                   else
25                                      led <= 16'd1;
26                          endcase
27   endmodule
```

3. 顶层模块

将上述两个模块综合在一起，即构成了顶层模块，如图 5-2 所示。在该模块中，分别调用 counter 和 flash_led_ctl 模块实现流水灯功能。

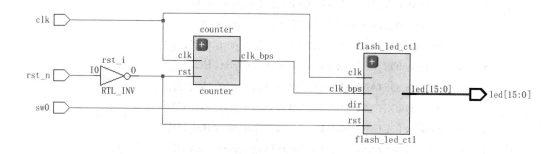

图 5-2　流水灯设计 RTL 原理图

顶层模块 flash_led_top.v 源代码如下：

```
1    `timescale 1ns / 1ps
2    module flash_led_top(
3        input clk,
4        input rst_n,
5        input sw0,
```

```
6            output [15:0]led
7            );
8            wire clk_bps;
9            wire rst;
10           assign rst = ~rst_n;
11           counter counter(
12               .clk( clk ),
13               .rst( rst ),
14               .clk_bps( clk_bps )
15           );
16           flash_led_ctl flash_led_ctl(
17               .clk( clk ),
18               .rst( rst ),
19               .dir( sw0 ),
20               .clk_bps( clk_bps ),
21               .led( led )
22           );
23    endmodule
```

4. 引脚分配

完成各模块设计后，还需进行引脚分配。引脚分配是将实现设计的输入输出端口与对应的实际芯片的输入输出端口进行连接。

引脚分配约束文件 flash_led_top.xdc 源代码如下：

```
1     set_property IOSTANDARD LVCMOS33 [get_ports rst_n]
2     set_property IOSTANDARD LVCMOS33 [get_ports sw0]
3     set_property IOSTANDARD LVCMOS33 [get_ports clk]
4     set_property IOSTANDARD LVCMOS33 [get_ports {led[15]}]
5     set_property IOSTANDARD LVCMOS33 [get_ports {led[14]}]
6     set_property IOSTANDARD LVCMOS33 [get_ports {led[13]}]
7     set_property IOSTANDARD LVCMOS33 [get_ports {led[12]}]
8     set_property IOSTANDARD LVCMOS33 [get_ports {led[11]}]
9     set_property IOSTANDARD LVCMOS33 [get_ports {led[10]}]
10    set_property IOSTANDARD LVCMOS33 [get_ports {led[9]}]
11    set_property IOSTANDARD LVCMOS33 [get_ports {led[8]}]
12    set_property IOSTANDARD LVCMOS33 [get_ports {led[7]}]
13    set_property IOSTANDARD LVCMOS33 [get_ports {led[6]}]
14    set_property IOSTANDARD LVCMOS33 [get_ports {led[5]}]
15    set_property IOSTANDARD LVCMOS33 [get_ports {led[4]}]
16    set_property IOSTANDARD LVCMOS33 [get_ports {led[3]}]
```

```
17    set_property IOSTANDARD LVCMOS33 [get_ports {led[2]}]
18    set_property IOSTANDARD LVCMOS33 [get_ports {led[1]}]
19    set_property IOSTANDARD LVCMOS33 [get_ports {led[0]}]
20    set_property PACKAGE_PIN P17 [get_ports clk]
21    set_property PACKAGE_PIN P15 [get_ports rst_n]
22    set_property PACKAGE_PIN P5 [get_ports sw0]
23    set_property PACKAGE_PIN F6 [get_ports {led[0]}]
24    set_property PACKAGE_PIN G4 [get_ports {led[1]}]
25    set_property PACKAGE_PIN G3 [get_ports {led[2]}]
26    set_property PACKAGE_PIN J4 [get_ports {led[3]}]
27    set_property PACKAGE_PIN H4 [get_ports {led[4]}]
28    set_property PACKAGE_PIN J3 [get_ports {led[5]}]
29    set_property PACKAGE_PIN J2 [get_ports {led[6]}]
30    set_property PACKAGE_PIN K2 [get_ports {led[7]}]
31    set_property PACKAGE_PIN K1 [get_ports {led[8]}]
32    set_property PACKAGE_PIN H6 [get_ports {led[9]}]
33    set_property PACKAGE_PIN H5 [get_ports {led[10]}]
34    set_property PACKAGE_PIN J5 [get_ports {led[11]}]
35    set_property PACKAGE_PIN K6 [get_ports {led[12]}]
36    set_property PACKAGE_PIN L1 [get_ports {led[13]}]
37    set_property PACKAGE_PIN M1 [get_ports {led[14]}]
38    set_property PACKAGE_PIN K3 [get_ports {led[15]}]
```

5.1.4　系统仿真

设置仿真模块时间单位为 1 ps，则 LED 灯移动的单位时间为 1 ms，初始条件下 sw0 为低电平，6 ms 后将 sw0 变为高电平，即 6 ms 后改变 LED 灯的移动方向。使整个系统在输入条件下进行仿真，输出仿真波形，观察波形是否符合预期结果。

1. 仿真文件的编写

仿真文件 Flash_led_top_tb.v 源代码如下：

```
1    `timescale 1ps / 1ps
2    module flash_led_top_tb;
3            reg clk, rst, sw0;
4            wire [15:0] led;
5            initial begin
6                    clk = 1'b0;
7                    rst = 1'b1;
8                    sw0 = 1'b0;
9                    #10 rst = 1'b0;
```

```
10              #10 rst = 1'b1;
11              #1000000000                              //6 ms 后改变位移方向
12              #1000000000
13              #1000000000
14              #1000000000
15              #1000000000
16              #1000000000
17              sw0 = 1'b1;
18          end
19      always #5 clk <= ~clk;
20      flash_led_top flash_led_top(
21              .clk( clk ),
22              .rst_n( rst ),
23              .sw0( sw0 ),
24              .led( led )
25              );
26  endmodule
```

2. 执行仿真

打开仿真工具 Simulation，点击运行后执行仿真，输出的仿真波形如图 5-3 所示。

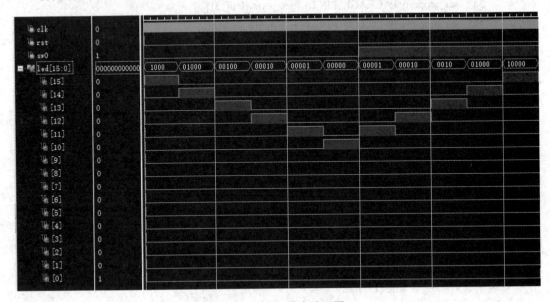

图 5-3   流水灯仿真波形图

3. 波形分析

由仿真波形可以看出，初始条件下 LED 灯从最左端 led[15]开始向右移动，6 ms 后移动至 led[10]，然后改变位移方向向左移动，12 ms 后移动至 led[15]。仿真波形与预期结果一致。

5.1.5　系统测试

　　完成设计后，进行整体的编译、综合、锁定管脚、适配，生成可编程文件，最后下载至 FPGA 开发板。程序下载到开发板上后，进行设计的最后环节，即测试验证是否达到设计要求。如图 5-4 所示，观察开发板上的 16 个 LED 灯，可以看出该设计达到实验要求。

图 5-4　实际测试图

5.2　智 力 抢 答 器

5.2.1　设计任务与指标

　　(1) 编号为 1～4 的选手按键抢答；
　　(2) 选手抢中后，与选手对应的数码管开始倒计时，时长为 10 s；
　　(3) 主持人按键控制清零。

5.2.2　设计方案

　　抢答器是一个典型的异步时序逻辑电路，按照实验要求，有四个选手抢答，清零由倒计时结束或主持人控制。当主持人按下开始按钮后，选手可以开始抢答，最先按下按钮的选手被选中，与之对应的数码管开始显示倒计时，在倒计时结束时或主持人按下清零按钮后，系统的状态恢复到初始状态，数码管显示清零。

5.2.3　系统设计

1. 按键检测模块

　　按键检测模块用于监测抢答环节，当抢答开始后，监测第一个按下按键的选手，并屏蔽后面按下按键的选手。当有选手按下按键时，锁存器锁存第一个按下按键的选手的编号，并在与之对应的数码管上显示数字倒计时。

btn[3:0]分别连接 4 个选手的抢答按键，rst 连接清零按键，当抢答开始并有选手按下抢答按键时，state[3]～state[0]输出抢中选手的四位二进制编码。

按键检测模块 push_detect.v 源代码如下：

```
1    `timescale 1ns / 1ps
2    module push_detect(
3            input clk,
4            input rst,
5            input [3:0] btn,
6            output reg[3:0] state
7            );
8            parameter OVER = 8'hff;
9            reg [3:0]pos;
10           always @( posedge clk or posedge rst )
11               if( rst )
12               begin
13                   state <= 4'd0;
14                   pos <= 4'd0;
15               end
16               else
17                   case( pos )
18                       4'd0:
19                           begin
20                               state <= 4'd0;
21                               pos <= btn;
22                           end
23                       4'd1, 4'd2, 4'd4, 4'd8:
24                           begin
25                               state <= pos;
26                               pos <= 4'h0;
27                           end
28                   default:pos <= 4'd0;
29                   endcase
30   endmodule
```

2. 抢答显示模块

在这个系统中，需要用数码管显示抢中选手所对应的倒计时，四位二进制编码用来控制要点亮的数码管。

四位二进制编码由四位数据 state[3]～state[0]输入，cnt_down_over 用于控制在倒计时结束时熄灭数码管。

　　为了实现译码功能，实例中使用了一个 case 分支表。根据输入的四位二进制代码，选择点亮与之对应的数码管。

　　抢答显示模块 show_who.v 源代码如下：

```
1      `timescale 1ns / 1ps
2      module show_who(
3              input clk,
4              input rst,
5              input [3:0] state,
6              input cnt_down_over,
7              output reg[3:0] an
8              );
9              reg [3:0]pos;
10             always @( posedge clk or posedge rst )
11                 if( rst )
12                     begin
13                         pos <= 4'd0;
14                         an <= 4'hf;
15                     end
16                 else
17                     case( pos )
18                         4'd0:
19                             begin
20                                 an <= 4'hf;
21                                 pos <= state;
22                             end
23                         4'd1, 4'd2, 4'd4, 4'd8:
24                             if( cnt_down_over )
25                                 pos <= 4'd0;
26                             else
27                                 an <= pos;
28                         default:
29                             pos <= 4'd0;
30                     endcase
31     endmodule
```

3. 抢答计时模块

　　每个选手对应一个数码管，当选手抢中后，该选手对应的数码管开始倒计时，时间限制为 10 s。

```verilog
1    `timescale 1ns / 1ps
2    module count_down(
3            input clk,
4            input rst,
5            input cnt_start,
6            output reg[7:0]seg_code
7            );
8            //定时 1s
9            parameter T1S = 27'd100000000;
10           reg[26:0]cnt;
11           reg cnt_sig;
12           always @( posedge clk or posedge rst )
13               if( rst )
14                   cnt <= 27'd0;
15               else if( cnt == T1S )
16                   cnt <= 27'd0;
17               else if( cnt_sig )
18                   cnt <= cnt + 1'b1;
19               else
20                   cnt <= 27'd0;
21           //倒计时
22           reg[3:0]cnt_down;
23           always @( posedge clk or posedge rst )
24               if( rst )
25                   begin
26                       cnt_down <= 4'd9;
27                       cnt_sig <= 1'b0;
28                   end
29               else if( cnt_start && !cnt_sig )
30                   cnt_sig <= 1'b1;
31               else if( cnt_down == 4'hf )
32                   begin
33                       cnt_down <= 4'd9;
34                       cnt_sig <= 1'b0;
35                   end
36               else if( cnt == T1S )
37                   cnt_down <= cnt_down - 1'b1;
38           parameter _0 = 8'hc0, _1 = 8'hf9, _2 = 8'ha4, _3 = 8'hb0,
39                       _4 = 8'h99, _5 = 8'h92, _6 = 8'h82, _7 = 8'hf8,
```

```
40                    _8 = 8'h80, _9 = 8'h90;
41          always @( posedge clk or posedge rst )
42              if( rst )
43                  seg_code <= 8'hff;
44              else
45                  case( cnt_down )
46                      4'd0:seg_code <= ~_0;
47                      4'd1:seg_code <= ~_1;
48                      4'd2:seg_code <= ~_2;
49                      4'd3:seg_code <= ~_3;
50                      4'd4:seg_code <= ~_4;
51                      4'd5:seg_code <= ~_5;
52                      4'd6:seg_code <= ~_6;
53                      4'd7:seg_code <= ~_7;
54                      4'd8:seg_code <= ~_8;
55                      4'd9:seg_code <= ~_9;
56                      default:
57                          seg_code <= 8'hff;
58                  endcase
59      endmodule
```

4. 顶层模块

顶层模块用于将系统中各个子模块连接起来，形成一个完整的系统，并引出与外围电路的连接端口。该模块的逻辑框图如图 5-5 所示。

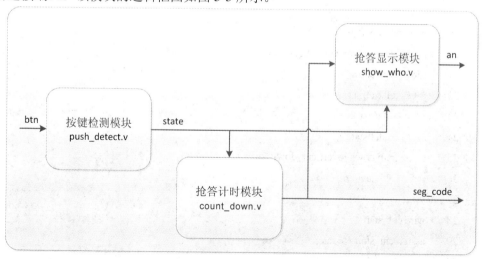

图 5-5　系统设计框图

模块有 rst、clk、btn[3]～btn[0] 5 个输入端口，seg_code[7]～seg_code[0]，an[3]～an[0] 共 12 个输出端口。主系统时钟 clk 输入数码管动态显示。抢答开始，按键检测模块

push_detect 等待 btn[3]～btn[0]四个选手按下按键，当监测到第一个选手按下按键时，将抢中选手编号的四位二进制代码从 state[3]～stsate[0]输出给抢答显示模块，点亮抢中选手对应的数码管。

与此同时，抢答计时模块接收到计时开始的信号后，从 10 开始倒计时，直到为 1 时结束。倒计时结束后，发出计时停止的信号，控制抢答显示模块熄灭数码管。

顶层模块 Smart_responder.v 源代码如下：

```
1    `timescale 1ns / 1ps
2    module Smart_responder(
3    input clk,
4    input rst_n,
5    input [3:0] btn,
6    output [3:0] an,
7    output [7:0] seg_code
8    );
9    wire rst;
10   wire [3:0]state;
11   wire rst = ~rst_n;
12
13   push_detect push_detect(
14       .clk( clk ),
15       .rst( rst ),
16       .btn( btn ),
17       .state( state )
18   );
19   wire cnt_down_over;
20   assign cnt_down_over = &seg_code;
21   show_who show_who(
22       .clk( clk ),
23       .rst( rst ),
24       .state( state ),
25       .cnt_down_over( cnt_down_over ),
26           .an( an )
27   );
28   wire cnt_start;
29   assign cnt_start = |state;
30   count_down cnt_down(
31       .clk( clk ),
32       .rst( rst ),
33       .cnt_start( cnt_start ),
```

34　　　　　.seg_code(seg_code)

35　　　　);

36　　endmodule

图 5-6 所示为 Smart_responder.v 文件编译后的 RTL 原理图。

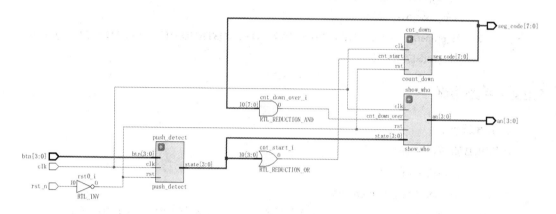

图 5-6　顶层原理图

5. 引脚分配

完成各模块设计后，还需进行引脚分配工作。引脚分配用于将实现设计的输入输出端口与对应的实际芯片的输入输出端口相连接。

引脚分配约束文件 Smart_responder.xdc 源代码如下：

1　　set_property -dict {PACKAGE_PIN P17 IOSTANDARD LVCMOS33} [get_ports clk]

2　　set_property -dict {PACKAGE_PIN P15 IOSTANDARD LVCMOS33} [get_ports rst_n]

3　　set_property -dict {PACKAGE_PIN R11 IOSTANDARD LVCMOS33} [get_ports {btn[0]}]

4　　set_property -dict {PACKAGE_PIN R17 IOSTANDARD LVCMOS33} [get_ports {btn[1]}]

5　　set_property -dict {PACKAGE_PIN V1　IOSTANDARD LVCMOS33} [get_ports {btn[2]}]

6　　set_property -dict {PACKAGE_PIN U4　IOSTANDARD LVCMOS33} [get_ports {btn[3]}]

7　　set_property -dict {PACKAGE_PIN G2 IOSTANDARD LVCMOS33} [get_ports {an[0]}]

8　　set_property -dict {PACKAGE_PIN C2 IOSTANDARD LVCMOS33} [get_ports {an[1]}]

9　　set_property -dict {PACKAGE_PIN C1 IOSTANDARD LVCMOS33} [get_ports {an[2]}]

10　set_property -dict {PACKAGE_PIN H1 IOSTANDARD LVCMOS33} [get_ports {an[3]}]

11　set_property　-dict　{PACKAGE_PIN　B4　IOSTANDARD　LVCMOS33}　[get_ports {seg_code[0]}]

12　set_property　-dict　{PACKAGE_PIN　A4　IOSTANDARD　LVCMOS33}　[get_ports {seg_code[1]}]

13　set_property　-dict　{PACKAGE_PIN　A3　IOSTANDARD　LVCMOS33}　[get_ports {seg_code[2]}]

14　set_property　-dict　{PACKAGE_PIN　B1　IOSTANDARD　LVCMOS33}　[get_ports {seg_code[3]}]

15　set_property　-dict　{PACKAGE_PIN　A1　IOSTANDARD　LVCMOS33}　[get_ports {seg_code[4]}]

16　set_property　-dict　{PACKAGE_PIN　B3　IOSTANDARD　LVCMOS33}　[get_ports {seg_code[5]}]

17　set_property　-dict　{PACKAGE_PIN　B2　IOSTANDARD　LVCMOS33}　[get_ports {seg_code[6]}]

18　set_property　-dict　{PACKAGE_PIN　D5　IOSTANDARD　LVCMOS33}　[get_ports {seg_code[7]}]

5.2.4　系统仿真

1. 仿真代码

仿真代码如下：

```
1     `timescale 1ns / 1ps
2     module Smart_responder_tb;
3         reg clk, rst;          //由于计数时间太长，很难看到计数，这里不再展示计数
4         reg [3:0]btn;
5         initial begin
6             clk = 1'b0;
7             rst = 1'b0;
8             btn = 4'd0;
9             #10 rst = 1'b1;
10            #10 rst = 1'b0;    //有两个人按下按钮，但是时间不同
11            #10 btn = 4'd1;
12            #10 btn = 4'd3;
13            #10 btn = 4'd0;
14            #50 rst = 1'b1;
15            #10 rst = 1'b0;        //有两个人按下按钮，但是时间不同
16            #10 btn = 4'd2;
17            #10 btn = 4'd6;
18            #10 btn = 4'd0;
19        end
20        always #5 clk <= ~clk;
21        wire [3:0] an;
22        wire [7:0] seg_code;
23        Smart_responder Smart_responder(
24            .clk( clk ),
25            .rst( rst ),
26            .btn( btn ),
```

```
27              .an( an ),
28              .seg_code( seg_code )
29          );
30      endmodule
```

2. 执行行为仿真

输入仿真参数后执行仿真，图 5-7 是仿真后输出的仿真波形。

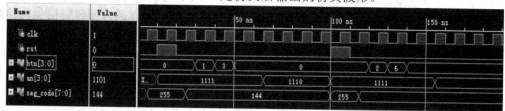

图 5-7　智力抢答器波形分析

3. 波形分析

从波形可以看出，当复位信号产生后，根据 btn 信号组可知 1 号、2 号选手依次按下抢答按钮，所以 1 号灯应该被点亮。根据 an 信号组(1110)可以发现 1 号灯确实被点亮。此后复位信号生效，继续进行抢答。

5.2.5　系统测试

完成设计后，进行整体的编译、综合、锁定管脚、适配，生成可编程文件，最后下载至 FPGA 开发板。文件下载到开发板上后，按下相应的按键观察实验现象是否满足要求。

当 4 个按键(S0、S1、S3、S4)其中一个按键被随机按下时，与之对应的数码管开始倒计时 10 s，其他数码管状态为熄灭。如图 5-8 所示，按下按键 S3，数码管显示正确。

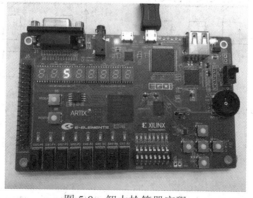

图 5-8　智力抢答器实现

5.3　分　频　器

在数字系统设计中，分频器是一种基本电路。所谓分频器，是在所给信号频率的基础上，减少单位时间内脉冲个数的电路。可以根据分频需求不同，将分频器分为偶数倍分频、奇数倍分频、非整数倍分频等。若所给信号经分频器分频后，单位时间内脉冲个数变为原单位时间内脉冲个数的 1/2，称这种分频器为二分频器；若变为原单位时间内脉冲个数的1/4，称为四分频器。以此类推，若分频后变为原单位时间脉冲个数的1/N，称为 N 分频器。本节通过奇、偶整数倍分频器来实现任意整数倍分频器。

5.3.1　实验原理

本节所涉及的整数倍分频器主要依赖于计数器来实现，以输入的内部时钟信号为计数脉冲，按照计数次数有规律地输出脉冲信号从而得到所要求的分频信号。

图 5-9(a)中，clk2 信号是以 clk 为计数脉冲的 2 分频信号，可以看到 clk2 的每半个周期对应于 clk 信号的一个完整周期，clk2 信号总是在 clk 上升沿发生跳变。对于任意偶数倍分频器而言，其输出已分频信号的半周期一定是待分频信号周期的整数倍，也就是说已分频信号的跳变瞬间总是对应着原信号单一的跳变状态。因此，要实现偶数倍分频器，只要使用一个计数器对 clk 的一种跳变状态进行计数，便能控制输出信号的跳变。

图 5-9(b)中，clk3 是 clk 三分频后得到的占空比为 50%的分频信号，可以看出 clk3 的每半个周期对应于 clk 信号的 3/2 个周期，信号跳变瞬间对应于 clk 的跳变状态，既有上升沿，也有 clk 的下降沿。同样对于任意奇数倍的分频器而言，其输出已分频信号的半个周期一定是待分频信号周期的非整数倍，也就是说已分频信号的跳变瞬间，并非对应原信号单一的跳变状态。因此需要使用两个计数器分别在上升沿和下降沿时触发计数。为实现占空比 50%分频，可选用与 clk 相差 1/2 周期的两分频信号错位相"或"来实现。

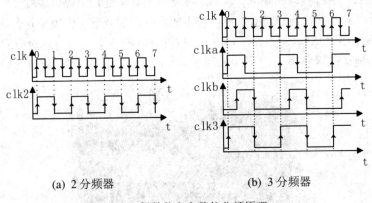

(a) 2 分频器　　　　　　　　　　(b) 3 分频器

图 5-9　偶数倍和奇数倍分频原理

5.3.2　实验要求

本实验使用 Verilog HDL 对任意整数倍分频器进行建模。实验将实现奇数倍分频、偶数倍分频，以及使用或运算控制任意整数倍分频结果的输出。

功能体现：以平台板载的 100 MHz 时钟作为输入待分频信号；通过 15 位拨码开关SW0～SW7、SW8-1～SW8-7 调整分频倍数 N，以 N[0]作为奇分频或偶分频的使能信号输入子分频模块；通过 RESET 控制分频器复位信号；使用 Vivado 软件对该分频器模块进行行为级仿真；通过扩展引脚将输出信号传输到数字示波器进行观测。

5.3.3　设计方案

本节实验使用 Verilog HDL 语言，根据总体实现需求创建顶层模块，产生使能信号，用以控制底层奇数倍和偶数倍分频器，然后再对底层奇、偶分频模块分别进行编码实现。

5.3.4　系统设计

1. 顶层模块 dic_clk.v 的设计

该模块的逻辑框图如图 5-10 所示。顶层模块通过 N[0:14] 接收所输入的分频倍数，同时通过判断 N[0] 的值来控制奇数倍分频器模块和偶数倍分频器模块的工作状态。以 N[0] 作为偶分频的使能信号输入偶分频模块，以 ~N[0] 作为奇分频的使能信号输入奇数倍分频模块。以内部时钟 clk 为基准信号，rst 为复位信号输入。由于在 clk_e 和 clk_o 中，始终能够保证其中一个有效输出为最终分频信号，一个无效输出为全零信号，因此将二者进行或运算，即可得到有效输出信号。

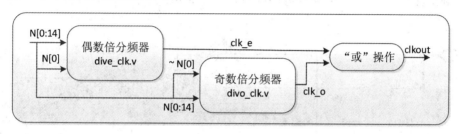

图 5-10　任意整数倍分频器示例框图

顶层模块 div_clk 源代码如下：

```
1    `timescale 1ns / 1ps
2    module div_clk(
3        input   clk,                        //内部 100 MHz 时钟信号输入
4        input rst_n,                        //定义复位信号
5        input   [14:0] N,                   //输入 15 位分频倍数(通过拨码开关)
6        output clk_out                      //分频时钟信号输出
7        );
8        wire en_even, en_odd;
9        wire rst;
10       assign rst      = ~rst_n;
11       assign en_even = ~N[0];             //N[0]取反，定义 en_even 使能
12       assign en_odd   =   N[0];           //N[0]，定义 en_odd 使能
13       dive_clk e_clk(                     //偶数倍分频器 e_clk 实例化
14           .clk(clk),
15           .rst(rst),
16           .en_even(en_even),
17           .N(N),
```

```
18                .clk_e(clk_e)
19            );
20        divo_clk o_clk(              //奇数倍分频器 o_clk 实例化
21            .clk(clk),
22            .rst(rst),
23            .en_odd(en_odd),
24            .N(N),
25            .clka(clka),
26            .clkb(clkb),
27            .clk_o(clk_o)
28            );
29        assign clk_out = clk_e | clk_o;      //取 clk_e 与 clk_o 中当前有效信号为输出
30    endmodule
```

如图 5-11 所示为 div_clk 文件编译后的 RTL 原理图。

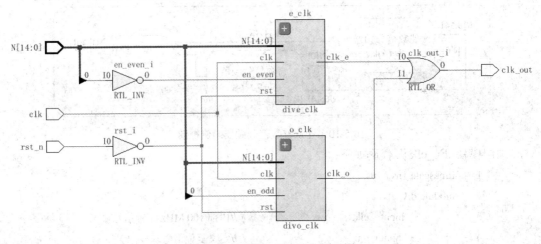

图 5-11　分频器示例 RTL 原理图

2. 偶数倍分频器模块 dive_clk.v 的设计

前面已经提到，偶数倍分频器只需要一个计数器即可实现，由顶层模块可以得到复位信号 rst、内部时钟 clk、使能信号 en_even，以及分频倍数 N，在本模块中定义计数器 cnt、偶分频输出信号 clk_e。

在整个分频过程中，以 clk 上升沿控制计数。当 en_even 为高电平时，触发计数器工作，cnt 为 0 时，clk_e 翻转，计数器重置为 $\frac{N}{2}-1$；cnt 非 0 时，clk_e 保持，计数器 cnt 减一。当 en_even 为低电平时，cnt 为 0，clk_e 始终为 0。

偶数倍分频器模块 dive_clk 源代码如下：

```
1    `timescale 1ns / 1ps
2    module dive_clk(
3            input clk,
```

```
4                  input rst,
5                  input en_even,
6                  input [14:0]N,
7                  output reg clk_e
8                  );
9                  integer cnt;
10                 always @(posedge clk or posedge rst)      //clk 上升沿、rst 上升沿触发
11                     if (rst)                              //rst 为 1 复位
12                     begin
13                         cnt <= 0;                         //设置计数器 cnt 复位值为 0
14                         clk_e <= 1'b0;                    //设置输出信号 clk_e 初值为 0
15                     end
16                     else
17                     begin
18                         if (en_even)                      //en_even 使能信号为高，执行偶分频
19                         begin
20                             if (cnt == 0)
21                                 begin
22                                     clk_e   <= ~clk_e;
23                                     cnt     <= N/2-1;
24                                 end
25                             else                          //cnt 非 0 时，clk_e 保持，计数器减一
26                                 begin
27                                     clk_e   <= clk_e;
28                                     cnt     <= cnt - 1'b1;
29                                 end
30                         end
31                         else                              // en_even 使能为低，输出信号为 0
32                             begin
33                             clk_e   <= 1'b0;
34                             cnt     <= 0;
35                         end
36                     end
37     endmodule
```

3. 奇数倍分频器模块 divo_clk.v 的设计

偶数倍分频器只需要一个计数器即可实现，而奇数倍分频器则需要两个计数器来实现。由顶层模块同样可以得到复位信号 rst、内部时钟 clk、使能信号 en_odd，以及分频倍数 N。在模块中定义计数器 cnt1 和 cnt2、相差半个周期的分频信号 clka 和 clkb 以及输出信号

clk_o。en_odd 为高电平时奇数倍分频器模块有效。

在 clk 上升沿处控制 cnt1 计数：cnt1 为 0 时，clka 取 0，cnt1 取 N-1；当 cnt1>(N-1)/2 时，clka 取 1，cnt1 减一；当 cnt1≤(N-1)/2 时，clka 取 0，从 cnt1 减一。

在 clk 下降沿处控制 cnt2 计数：cnt2 为 0 时，clkb 取 0，cnt2 取 N-1；当 cnt2>(N-1)/2 时，clkb 取 1，cnt2 减一；当 cnt2≤(N-1)/2 时，clkb 取 0，从 cnt2 减一。

由以上两种情况所得到的 clka 和 clkb 相差半个周期，二者错位相或得到占空比为 50% 的奇数倍分频信号。

奇数倍分频器模块 divo_clk 源代码如下：

```
1      `timescale 1ns / 1ps
2      module divo_clk(
3          input clk,
4          input rst,
5          input en_odd,
6          input   [14:0]N,
7          output reg clka, clkb,
8          output wire clk_o
9          );
10         integer cnt1;
11         integer cnt2;
12         assign clk_o = clka | clkb;              //clka 与 clkb 错位相"或"
13         always @(posedge clk or posedge rst)     //clk 上升沿和 rst 上升沿触发
14         begin
15             if (rst)                             //rst 为 1 复位
16             begin
17                 clka <= 1'b0;                    // clk 上升沿触发 clka 初值为 0
18                 cnt1 <= 0;                       //设置计数器 cnt1 复位值为 0
19             end
20             else
21             begin
22                 if (en_odd)                      //en_odd 使能为高，执行奇分频
23                 begin
24                     if (cnt1 == 0)               //cnt1 为 0 时，clka 取 0，cnt1 取 N-1
25                     begin
26                         clka <= 1'b0;
27                         cnt1 <= N-1;
28                     end
29                     else if (cnt1 > (N-1)/2 )    //cnt 大于(N-1)/2 时
30                     begin                        //clka 取 1，cnt1 自减一
31                         clka <= 1'b1;
```

```
32                        cnt1 <=cnt1-1;
33                    end
34                else                    //cnt 小于或等于(N-1)/2 时
35                begin                   //clka 取 0，cnt1 自减一
36                    clka <= 1'b0;
37                    cnt1 <=cnt1-1;
38                end
39            end
40        else                            //en_odd 使能为低
41        begin
42            clka <= 1'b0;
43            cnt1 <= N-1;
44        end
45    end
46 end
47 always @(negedge clk or posedge rst)   //clk 下降沿，rst 上升沿触发
48 begin
49    if (rst)
50    begin
51        clkb <= 1'b0;
52        cnt2 <= 0;
53    end
54    else
55    begin
56        if (en_odd)
57        begin
58            if (cnt2 == 0)
59            begin
60                clkb <= 1'b0;
61                cnt2 <=N-1;
62            end
63            else if (cnt2 > (N-1)/2 )
64            begin
65                clkb <= 1'b1;
66                cnt2<=cnt2-1;
67            end
68            else
69            begin
70                clkb <= 1'b0;
```

```
71                        cnt2<=cnt2-1;
72                    end
73                end
74                else
75                begin
76                    clkb <= 1'b0;
77                    cnt2 <= N-1;
78                end
79            end
80        end
81    endmodule
```

4. 编辑约束文件 IO.xdc

根据实验要求和实验顶层模块 div_clk.v，约束文件 IO.xdc 具体内容如下：

```
1    set_property -dict {PACKAGE_PIN P5 IOSTANDARD LVCMOS33} [get_ports {N[14]}]
2    set_property -dict {PACKAGE_PIN P4 IOSTANDARD LVCMOS33} [get_ports {N[13]}]
3    set_property -dict {PACKAGE_PIN P3 IOSTANDARD LVCMOS33} [get_ports {N[12]}]
4    set_property -dict {PACKAGE_PIN P2 IOSTANDARD LVCMOS33} [get_ports {N[11]}]
5    set_property -dict {PACKAGE_PIN R2 IOSTANDARD LVCMOS33} [get_ports {N[10]}]
6    set_property -dict {PACKAGE_PIN M4 IOSTANDARD LVCMOS33} [get_ports {N[9]}]
7    set_property -dict {PACKAGE_PIN N4 IOSTANDARD LVCMOS33} [get_ports {N[8]}]
8    set_property -dict {PACKAGE_PIN R1 IOSTANDARD LVCMOS33} [get_ports {N[7]}]
9    set_property -dict {PACKAGE_PIN U3 IOSTANDARD LVCMOS33} [get_ports {N[6]}]
10   set_property -dict {PACKAGE_PIN U2 IOSTANDARD LVCMOS33} [get_ports {N[5]}]
11   set_property -dict {PACKAGE_PIN V2 IOSTANDARD LVCMOS33} [get_ports {N[4]}]
12   set_property -dict {PACKAGE_PIN V5 IOSTANDARD LVCMOS33} [get_ports {N[3]}]
13   set_property -dict {PACKAGE_PIN V4 IOSTANDARD LVCMOS33} [get_ports {N[2]}]
14   set_property -dict {PACKAGE_PIN R3 IOSTANDARD LVCMOS33} [get_ports {N[1]}]
15   set_property -dict {PACKAGE_PIN T3 IOSTANDARD LVCMOS33} [get_ports {N[0]}]
16   set_property -dict {PACKAGE_PIN P17 IOSTANDARD LVCMOS33} [get_ports clk]
17   set_property -dict {PACKAGE_PIN P15 IOSTANDARD LVCMOS33} [get_ports rst_n]
18   set_property -dict {PACKAGE_PIN B16 IOSTANDARD LVCMOS33} [get_ports clk_out]
```

5.3.5　系统仿真

系统仿真过程凭借仿真模块向已有系统输入必要的输入信号，使整个系统在所需条件下进行仿真，然后输出仿真波形，观察波形是否符合理论结果。在仿真文件中采用 7 倍和 8 倍分频进行系统仿真。

1. 编辑仿真文件——div_tb

```
1    `timescale 1ns / 1ps
```

```
2    module div_tb;
3        reg clk, rst;
4        reg[14:0]N;
5        div_clk div_clk(.clk(clk),.rst(rst),.N(N),.clk_out(clk_out));
6        always #5 clk = ~clk;
7        initial begin
8            rst=0;
9            clk = 1;
10           N=15'd7;
11           #5 rst = 1'b1;
12           #5 rst = 1'b0;
13           #385 rst = 1'b1;
14           N = 15'd8;
15           #5 rst =1'b0;
16           #600 $finish;
17       end
18   endmodule
```

2. 执行行为仿真

输入仿真参数后执行仿真，图 5-12 是仿真后输出的仿真波形。

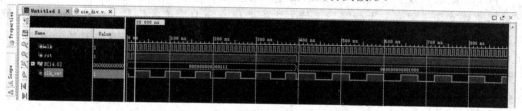

图 5-12 任意倍数分频器波形分析

3. 波形分析

由仿真图形可以看出，前 395 ns 输出波形的周期为 70 ns，即频率约为 14.29 MHz，正好是输入信号频率的 1/7，从 400 ns 起输出波形的周期为 80 ns，即频率为 12.5 MHz，正好是输入信号频率的 1/8。

5.3.6 系统测试

该实验的最后环节是进行系统测试。所选示波器可完全显示 1 MHz 左右的信号，也就是 99 倍和 100 倍分频输出的信号。

1. 物理器件连接

将生成的已分频信号传输到数字示波器，将 Vivado 连接到开发板，通过拨码开关输入信号时，先后输入二进制数 000000001100011 和二进制数 000000001100100，同时观察示波器的输出变化，进行观测。

2. 功能验证

99 倍分频输出频率理论值为 1.01 MHz，100 倍分频输出频率理论值为 1 MHz。图 5-13 中为实现后示波器输出的波形，可以观测到硬件实现输出的波形与理论分频后输出的信号频率一致。

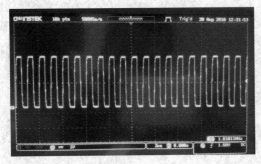 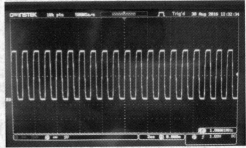

(a) 99 倍分频　　　　　　　　　　　　　(b) 100 倍分频

图 5-13　分频输出信号示波器显示

5.4　FIR 数字滤波器设计

数字滤波器在数字信号处理的应用中有着重要的作用。在实际的工业生产和科研中，经常需要从语音、图像、生物医学等信号中提取出有研究价值的信号，过滤掉无用的干扰信号，这一过程就称为滤波。随着集成电路工艺的飞速发展，数字滤波器因其高精度、高可靠性、高信噪比等诸多优点，迅速地替代了模拟滤波器。

5.4.1　实验原理

数字滤波器按频率特性可以划分为低通、高通、带通和带阻等类别。常用的数字滤波器是线性时不变的，滤波过程的本质是线性卷积运算。按照数字滤波器冲激响应的时域特征，通常将线性时不变滤波器分为无限冲激响应(即 IIR 数字滤波器)和有限冲激响应(即 FIR 数字滤波器)两大类。与 IIR 数字滤波器相比，FIR 数字滤波器的优点是可以很容易地设计出具有线性相位特性的滤波器，而且 FIR 数字滤波器是因果稳定的。

FIR 数字滤波器的实现分为软件实现和硬件实现。软件实现的方法简单，但是实时性却较差。在 FPGA 上实现 FIR 滤波器具有实时性好、灵活、稳定等诸多优点。

直接型 FIR 数字滤波器结构的实质就是一个线性卷积运算，n 阶的直接型 FIR 滤波器可以表示如下：

$$y[n] = x[n] \times h[n] = \sum_{i}^{n-1} h[i]x[n-i] \qquad (5\text{-}4\text{-}1)$$

其中，$x[n]$ 是输入的数据，$h[n]$ 是滤波器的单位脉冲响应，$y[n]$ 是滤波器的输出。所以，可以把直接型 FIR 滤波器看做一个分节延时线，每一节的输出与相对应的滤波器系数相乘后再累加就得到了滤波器的输出。

5.4.2　实验要求

(1) 利用 MATLAB 软件中的 FDATool 工具，采用窗函数法设计一个采样频率为 100 Hz，截止频率为 10 Hz 的 8 阶 FIR 低通数字滤波器，导出 FIR 数字滤波器的系数，并利用 MATLAB 产生待滤波信号，将信号输入设计的滤波器，通过 MATLAB 编程观察对比滤波前后的信号，验证所采用的参数是否可以实现滤波的功能。

(2) 在 Vivado 开发环境中，使用 Verilog HDL，编写相应的 FIR 低通滤波器，仿真并观察滤波后的波形，进行验证。

5.4.3　滤波器系数设计

在滤波器的实际设计过程中，运算量是极其庞大的，特别是当滤波器的阶数比较高时。而且当需要对滤波器的相关性能进行调整时，仍需要进行大量的复杂计算。仅仅依靠公式或者编写简单的计算程序是无法满足实际需求的，因此很有必要使用专业软件工具进行滤波器设计，以便快速有效地得到FIR 数字滤波器系数等相关的参数。MATLAB 中的 FDATool 就可以很好地满足设计滤波器的需求。具体的操作步骤如下：

(1) 打开 MATLAB 软件，在命令窗口输入 fdatool 并按回车，就会弹出滤波器设计工具。按照本次实验的要求，在响应类型(Response Type)中选择低通(Lowpass)；设计方法(Design Method)中选择 FIR，并且选择用窗函数法(Window)进行 FIR 数字滤波器的设计。Filter Order 已经默认为 Specify order，在这里输入 7。注意这里输入的数值是所要设计的滤波器的阶数减 1。在 Frequency Specifications 中选择单位为 Hz，采样频率 Fs 输入值为 100，截止频率 Fc 输入值为 10。点击 Design Filter 按钮即可设计出所需的滤波器，如图 5-14 所示。

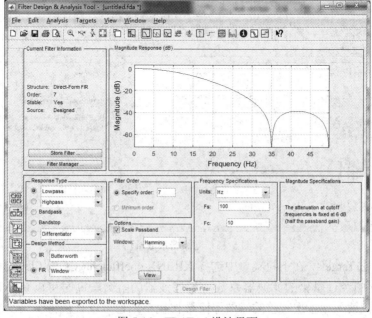

图 5-14　FDATool 设计界面

(2) 在 FDATool 工具界面中，点击 File 然后选择 Export 即可在 MATLAB 中生成所设计的滤波器的抽头系数，结果可以在 MATLAB 的 Workspace 中看到。具体计算出的系数如下：

H(0) = 0.008 754 742 903 297 71

H(1) = 0.047 948 872 168 524 6

H(2) = 0.164 024 391 089 411

H(3) = 0.279 271 993 838 767

H(4) = 0.279 271 993 838 767

H(5) = 0.164 024 391 089 411

H(6) = 0.047 948 872 168 524 6

H(7) = 0.008 754 742 903 297 71

因为 FPGA 并不支持浮点数的运算，所以需要对抽头系数进行量化处理。在 FDATool 界面中，首先点击按钮 ⊞，在 Filter arithmetic 中选择 Fixed-point；Number word length 中输入的是字长，当输入 8 时，点击 Apply，可以看到有较大的偏差，所以将数值改为 16，结果如图 5-15 所示。

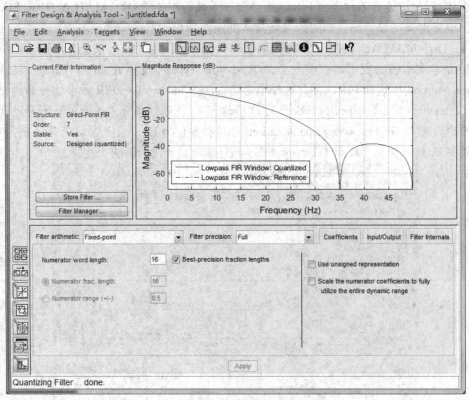

图 5-15　滤波器系数量化

其次，点击 Targets，在下拉菜单中选择 XILINX coefficient(.COE) file 即可生成以.COE 文件形式保存的经过量化的滤波器系数，当滤波器的阶数较高时可以在 Vivado 中通过 ROM 的 IP 核读入。本次实验的滤波器阶数比较小，也可以直接将结果复制到滤波器的 Verilog 程序中。

5.4.4　系统设计

1. FIR_top.v 顶层模块

本设计中顶层模块包含三个子模块，即计数器模块(FIR_count.v)、ROM 模块 (Dist_men_gen_0.v)和 FIR 滤波器模块(FIR_filter.v)。图 5-16 为本模块的设计框图。

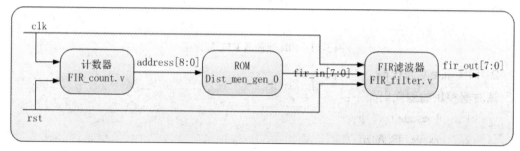

图 5-16　FIR 数字滤波器设计框图

顶层模块的 Verilog HDL 代码如下：

```
1    `timescale 1ns / 1ps
2    module FIR_top(
3        input clk,
4        input rst,
5        output [7:0]fir_out              //滤波器输出
6        );
7            wire [7:0]spo;
8            wire [9:0]address;
9            dist_mem_gen_0 your_instance_name (
10               .a(address),
11               .spo(spo)
12           );
13           FIR_count count(
14               .clk(clk),
15               .rst(rst),
16               .address(address)
17           );
18           FIR_filter filter(
19               .clk(clk),
20               .rst(rst),
21               .fir_in(spo),
22               .fir_out(fir_out)
23           );
24   endmodule
```

图 5-17 为 FIR_top.v 文件编译后的 RTL 原理图。据该 RTL 原理图可以清楚看到各个模块之间的连接关系，可以更好地理解代码。

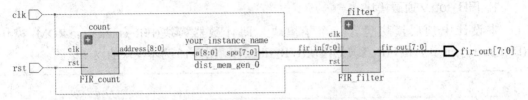

图 5-17　　FIR 滤波器 RTL 原理图

2. FIR_filte.v 源代码

滤波器模块的源代码如下：

```
1       `timescale 1ns / 1ps
2       module FIR_filter(
3              input clk,
4              input rst,
5              input [7:0]fir_in,                    //滤波器输入
6              output [7:0]fir_out                   //滤波器输出
7              );
8              //存放输入序列的位移值
9              reg signed [7:0]data1,data2, data3, data4, data5, data6, data7, data8;
10             //有符号小数乘法的输出
11             wire signed [22:0] out1, out2, out3, out4, out5, out6, out7, out8;
12             reg signed [23:0]temp_out;
13             //8 阶线性 FIR 滤波器的抽头系数
14             parameter [15:0] cof1 = 16'h023e;
15             parameter [15:0] cof2 = 16'h0c46;
16             parameter [15:0] cof3 = 16'h29fe;
17             parameter [15:0] cof4 = 16'h477e;
18             parameter [15:0] cof5 = 16'h477e;
19             parameter [15:0] cof6 = 16'h29fe;
20             parameter [15:0] cof7 = 16'h0c46;
21             parameter [15:0] cof8 = 16'h023e;
22             always@(negedge clk)
23                 if(rst)
24                     begin
25                         data1<=7'd0;
26                         data2<=7'd0;
27                         data3<=7'd0;
28                         data4<=7'd0;
```

```
29                              data5<=7'd0;
30                              data6<=7'd0;
31                              data7<=7'd0;
32                              data8<=7'd0;
33                       end
34               else
35                   begin
36                          data1<=fir_in;
37                          data2<=data1;
38                          data3<=data2;
39                          data4<=data3;
40                          data5<=data4;
41                          data6<=data5;
42                          data7<=data6;
43                          data8<=data7;
44                          temp_out<=out1+out2+out3+out4+out5+out6+out7+out8;
45                   end
46           multip multip1(.clk(clk),.rst(rst),.in1(cof1),.in2(data1),.out(out1));
47           multip multip2(.clk(clk),.rst(rst),.in1(cof2),.in2(data2),.out(out2));
48           multip multip3(.clk(clk),.rst(rst),.in1(cof3),.in2(data3),.out(out3));
49           multip multip4(.clk(clk),.rst(rst),.in1(cof4),.in2(data4),.out(out4));
50           multip multip5(.clk(clk),.rst(rst),.in1(cof5),.in2(data5),.out(out5));
51           multip multip6(.clk(clk),.rst(rst),.in1(cof6),.in2(data6),.out(out6));
52           multip multip7(.clk(clk),.rst(rst),.in1(cof7),.in2(data7),.out(out7));
53           multip multip8(.clk(clk),.rst(rst),.in1(cof8),.in2(data8),.out(out8));
54           assign fir_out=temp_out[23:16];
55       endmodule
```

　　其中，fir_in[7:0]为采样数据的输入端口，输入的是 8 位二进制补码，fir_out[7:0]是滤波输出的数据(8 位二进制补码)。因为滤波器系数相当于是经过左移 16 位得到的值，输入数据是左移 8 位得到的值，而输出的结果又相当于右移了 16 位，所以输出的数据与输入的数据都是真实值的 2^8 倍，这也是为乘法模块进行小数的乘法所做的处理。值得注意的是，滤波器的系数是对称相等的，所以可以将系数相同的数据先做加法运算，再与滤波器系数相乘，以节省 FPGA 的片上资源。因为本次实验所设计的滤波器阶数较小，并没有做此处理，读者可自行完成。另外，需要注意的是，若滤波器的系数是对称或者反对称的，则该滤波器具有线性相位，这样信号经过滤波器后，每个信号的延时是相同的，这对于信号处理来说是很关键的。

3. multip.v 源代码

　　乘法模块源代码如下：

```verilog
1    `timescale 1ns / 1ps
2    module multip(
3        input clk,
4        input rst,
5        input [15:0]in1,
6        input [7:0]in2,
7        output reg[22:0]out
8        );
9        reg [15:0]comp1,truef1;
10       reg [7:0]comp2, truef2;
11       reg symbol;                                              //符号位
12       reg [21:0]temp;
13       reg [22:0]truef_out;
14       always@ (negedge clk )
15           if(rst)                                             //复位使能，寄存器清零
16           begin
17               comp1<=8'b0;
18               comp2<=8'b0;
19               truef1<=8'b0;
20               truef2<=8'b0;
21               symbol<=1'b0;
22               temp<=14'b0;
23               truef_out<=15'b0;
24               out<=31'b0;
25           end
26           else
27           begin
28               comp1<=in1;                                     //输入寄存器赋值
29               comp2<=in2;
30               truef1<=(comp1[15]==0)?comp1:{comp1[15], ~comp1[14:0]+1'b1};
31               truef2<=(comp2[7]==0)?comp2:{comp2[7], ~comp2[6:0]+1'b1};
32               symbol<=truef1[15]^truef2[7];                   //输出数的符号位
33               temp<=truef1[14:0]*truef2[6:0];                 //输入有效数据相乘
34               truef_out<={symbol, temp};                      //输出数的原码
35               out<=(truef_out[22]==0)?
36               truef_out:{truef_out[22],  ~truef_out[21:0]+1'b1};
37           end
38   endmodule
```

本模块为乘法模块，用于计算滤波器系数的 16 位二进制补码与输入数据的 8 位二进制

补码的乘积，输出 23 位二进制补码。因为补码的最高位是符号位，所以对滤波器系数的符号位和输入数据的符号位进行异或运算，得到输出数据的符号位，而相应的低位直接做乘法运算即可。

4. IP 核 ROM 调用

点击 Vivado 中左侧 Project Manager 中的 IP Catalog，选择 Distributed Memory Generator，在弹出界面的 Memory Type 中选择 ROM，Options 中的 Depth 选择为 400，Data Width 选择为 8。ROM 中存放的是 MATLAB 产生的待滤波波形经过采样和量化后的数据。在 Vivado 中读入 .COE 文件中数据的过程相对较慢，若保存的数据较多，等待的时间会比较长。读者可根据电脑的配置设置合适的读入数据量。

5. FIR_count 源代码

```
1      `timescale 1ns / 1ps
2      module FIR_count(
3              input clk,
4              input rst,
5              output reg [8:0]address
6              );
7              always @(negedge clk)
8                  if(rst)
9                  begin
10                     address<=9'd0;
11                 end
12                 else
13                 begin
14                     if(address==9'd400)
15                         address<=9'd0;
16                     else
17                         address<=address+9'd1;
18                 end
19     endmodule
```

该模块完成的功能是一个时钟周期，使 address 的值加 1，以便从 ROM 中取出波形的采样数据。当取完所写入 ROM 的数据后，address 的值归零，重新开始计数取值。

5.4.5 系统仿真及验证

滤波器系统的顶层设计完成后，需要对所完成的设计进行功能仿真和验证，如果仿真过程中出现问题，就需要返回到上一级的设计中，查找问题并进行修改，再次进行仿真，直至没有问题。

为了方便验证，本次实验首先在 MATLAB 中产生待滤波的波形，并进行采样量化后以 .coe 文件形式输出，再在 Vivado 中通过 ROM 的 IP 核调用该文件数据，即将波形数据存放在 ROM 中。

例如，选择 $y = 0.1\sin(pi \times x) + 0.1\sin(2pi \times 49x)$ 为待滤波的波形，在 MATLAB 中绘制出其波形，如图 5-18 所示。

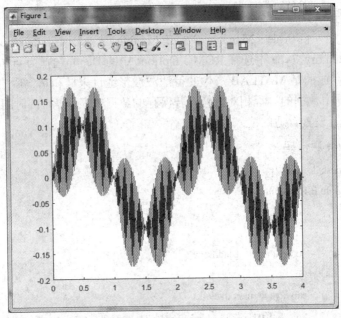

图 5-18　含噪声信号的波形

图 5-18 所示的波形由低频信号和高频信号叠加而成，经过 FIR 低通数字滤波器后，低频的成分会通过，而高频的噪声信号则会被滤除。可以在 MATLAB 中编写程序，将上述波形通过所设计的滤波器，并将输出的波形数据绘制成波形，通过对比输入的波形，观察滤波效果。滤波后的波形如图 5-19 所示。

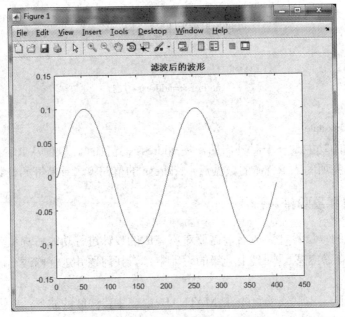

图 5-19　滤波后的波形

仿真模块的 Verilog HDL 描述如下：

```
1    `timescale 1ns / 1ps
2    module FIR_tb;
3        reg clk;
4        reg rst;
5        wire [7:0] fir_out;
6        initial begin
7            clk=1'b0;
8            rst=1'b1;
9            #50 rst=1'b0;
10       end
11       always #10 clk = ~clk;
12       FIR_top fir(.clk(clk), .rst(rst),.fir_out(fir_out));
13   endmodule
```

运行仿真后，在 Vivado 中可以看到仿真的波形如图 5-20 所示。

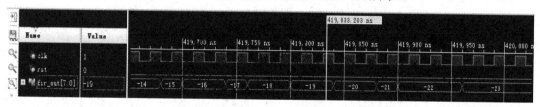

图 5-20　仿真波形图

选中 fir_out[7:0]，单击右键，在弹出的选项中选择 Radix→Signed Decimal 和 Waveform Style→Analog，可以看到输出信号 fir_out[7:0] 的模拟波形仿真图(见图 5-21)。

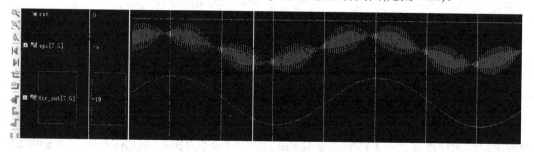

图 5-21　仿真模拟波形

可以将未经滤波的波形数据(即输入滤波器的数据)也添加到仿真波形中，并以波形的形式显示。通过图 5-21 可以看出，输出的波形已将高频信号滤除，达到了预期的滤波效果。

5.5　串口控制器

串口是计算机上的一种非常通用的设备通信接口，同时也是仪器仪表设备通用的通信接口。串口既可用于工业领域，也可用于民用领域，应用面非常广泛，适合集中监控、远程监控、现场数据采集等场合。本节使用 Verilog HDL 对串口进行建模，以便于读者对串口的底层细节有更深的理解。

5.5.1　实验原理

串行通信是指计算机与外设之间，或者计算机与计算机之间以串行的方式传送数据。数据位按顺序一位一位地传送，所以串行传送数据最少只需要一根传输线即可完成。串行通信只需要少数几条线就可以在系统间交换信息，特别适用于计算机与计算机、计算机与外设之间的远距离通信。

1. 串行通信的分类

根据信息传输方向，串行通信可分为单工、半双工和全双工三种。单工只允许数据向一个方向传送。半双工允许数据双向传送，但是在同一时刻只能向一个方向传送。全双工允许同时双向传送数据。本实验实现的是全双工串口通信。

根据信息格式，串行通信可分为同步通信和异步通信。同步通信进行数据传输时，发送和接收双方要保持完全的同步，因此，要求接收方和发送方必须使用同一时钟。异步通信是按字符帧传输的，每传输一个字符帧都要用起始位进行收、发双方的同步。本实验实现的是异步串行通信。

2. 异步通信协议介绍

异步通信中，有两个比较重要的部分：字符帧和波特率。

1) 字符帧

字符帧由开始位(B)、数据位(D)、奇偶校验位(P)和停止位(S)组成，如图 5-22 所示。异步通信中以字符帧为单位逐帧传送，字符帧时间间隔任意。

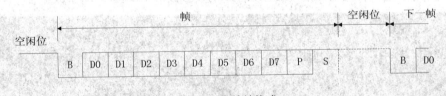

图 5-22　字符帧格式

开始位：用于通知接收端接收数据。设备空闲的时候传输线上为高电平，即逻辑 1。接收端检测到传输线上发送过来的低电平逻辑 "0" (即字符帧起始位)时，确定发送端已开始发送数据，接收端打开波特率生成器，开始接收数据。

数据位：数据位一般由 5、7 或 8 位组成，如何设置取决于要传递的信息格式。本实验中设置为 8 位。

奇偶校验位：是串口通信中的一种数据校验方式。校验方式有 4 种：奇校验、偶校验、高电平和低电平。当然奇偶校验位也可以忽略，本实验中忽略该位。

停止位：是字符帧的最后一位，典型的为 1、1.5 和 2 位。由于通信设备之间时钟可能存在微小的差异，致使设备之间出现微弱的不同步，所以停止位还起到了校正时钟同步的作用。本实验采用的停止位为 1 位。

2) 波特率

波特率是一个衡量通信速度的参数。它表示每秒钟传送二进制代码的位数。在串口通信中常见的波特率有 9600、19 200、38 400、57 600 和 115 200 等。本实验使用的是 9600。

异步通信中，发送端和接收端可以由各自的时钟来控制数据的发送和接收，这两个时钟源彼此独立，互不同步。

3. 串口通信的特点

基于串口通信的物理设备与通信协议的特点，串口通信拥有以下特点：

(1) 节省传输线，尤其是在远程通信时，该特点尤为明显。

(2) 与并行通信比，数据传送效率低。

5.5.2　实验要求

本实验使用 Verilog HDL 对串口控制器进行建模。实验将实现串口控制器的数据发送、接收以及数据的缓存功能。

功能体现：通过引脚 TX 接收数据；通过引脚 RX 发送数据；通过数码管 LED_BIT0、LED_BIT1 观察发送数据、通过数码管 LED_BIT2、LED_BIT3 观察接收数据；通过按钮 RESET 对设计进行复位操作；通过按钮 S1 对接收数据缓存进行读取操作；通过按钮 S0 对发送数据缓存进行写入操作；通过拨码开关 SW0~SW7 调整发送数据；通过拨码开关 SW8-8 控制设计使能；通过 D16 显示使能状态；通过 D9 显示接收数据缓存不为空；通过 D10 显示接收数据缓存已满；通过 D13 显示发送数据缓存不满。

5.5.3　设计方案

本实验采用自上而下的设计方式进行设计。首先根据功能要求，创建顶层模块；其次在顶层模块中根据功能类别创建几个模块；然后再将复杂的模块依次分解为功能单一、结构简单的模块；最后再对底层模块进行编码实现。

5.5.4　系统设计

1. 顶层模块 uart_demo.v 的设计

本设计中顶层模块包含三个子模块，即信号处理模块(signal_processing.v)、串口控制器模块(uart_top.v，核心模块)、数据显示模块(data_show.v)。如图 5-23 所示为本模块的设计框图。

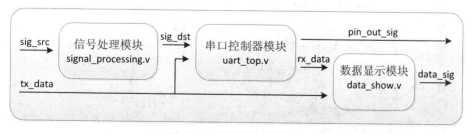

图 5-23　顶层模块设计框图

　　首先，信号处理模块对按钮、使能开关等进行消抖和取边沿处理，然后将信号传递给串口控制器模块。然后，串口控制器在使能有效的情况下，根据控制信号进行发送数据、读取接收缓存等操作。最后，数据显示模块对接收和发送数据进行显示操作。

uart_demo.v 详细代码如下：

```
1    `timescale 1ns / 1ps
2    module uart_demo(
3        input clk,
4        input rst_n,
5        input en_sw15,
6        output en_sig_ld16,
7        input get_btn_d,
8        input rx_pin_jb1,
9        output rx_buf_not_empty,
10       output rx_buf_full,
11       input send_btn_r,
12       input [7:0]tx_send_data,          //SW0~SW7
13       output tx_pin_jb0,
14       output tx_buf_not_full,
15       output [3:0]an,
16       output [7:0]seg_code
17       );
18       wire rst, rx_pin_in, read_sig, write_sig;
19       wire rst_btn_c = ~rst_n;
20       input_signal_processing sig_processing(
21           .clk( clk ),
22           .rst_btn_c( rst_btn_c ),
23           .rst( rst ),
24           .rx_pin_jb1( rx_pin_jb1 ),
25           .rx_pin_in( rx_pin_in ),
26           .get_btn_d( get_btn_d ),
27           .read_sig( read_sig ),
28           .send_btn_r( send_btn_r ),
29           .write_sig( write_sig ),
30           .en_sw15( en_sw15 ),
31           .en_sig_ld16( en_sig_ld16 )
32           );
33       wire [7:0]rx_get_data;
34       uart_top uart_top(
35           .clk( clk ),
```

```
36              .rst( rst ),
37              .en( en_sig_ld16 ),
38              .rx_read( read_sig ),
39              .rx_pin_in( rx_pin_in ),
40              .rx_get_data( rx_get_data ),
41              .rx_buf_not_empty( rx_buf_not_empty ),
42              .rx_buf_full( rx_buf_full ),
43              .tx_write( write_sig ),
44              .tx_pin_out( tx_pin_jb0 ),
45              .tx_send_data( tx_send_data ),
46              .tx_buf_not_full( tx_buf_not_full )
47          );
48      data_show data_show(
49              .clk( clk ),
50              .rst( rst ),
51              .rx_data( rx_get_data ),
52              .tx_data( tx_send_data ),
53              .an( an ),
54              .seg_code( seg_code )
55          );
56  endmodule
```

如图 5-24 所示，为 uart_demo.v 文件编译后的 RTL 原理图。信号处理、数据显示不是本设计的重点，所以本实验主要讲解其子模块——串口控制器模块。

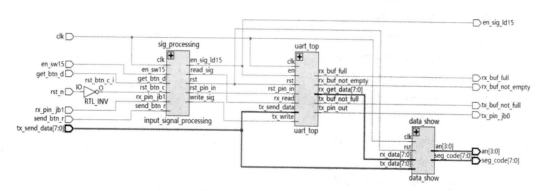

图 5-24　串口示例 RTL 原理图

2. 串口控制器模块 uart_top.v 的设计

本设计中，串口控制器由五个子模块组成：使能控制模块、发送模块、发送数据缓存模块、接收模块和接收数据缓存模块。如图 5-25 所示为本模块的设计框图。

该模块主要有三大功能：

(1) 使能控制模块决定其他四个模块的时钟、读写缓存等操作是否有效，以及在使能无效时对发送模块和接收模块进行复位操作以保证系统的稳定性；

(2) 当发送缓存不为空时，会触发发送模块的发送操作，并将待发送数据依次传递给发送模块，直至缓存为空；

(3) 当接收模块接收完一帧数据时会将其写入接收缓存中，等待进行读出操作。

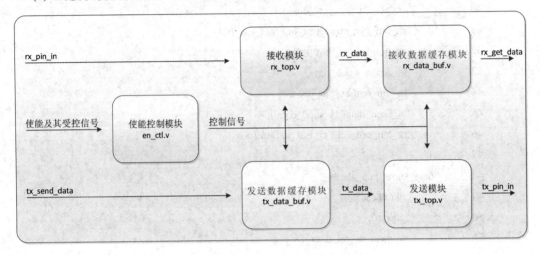

图 5-25　串口控制器框图

uart_top.v 详细代码如下：

```
1      `timescale 1ns / 1ps
2      module uart_top(
3          input clk,
4          input rst,
5          input en,
6          input rx_read,
7          input rx_pin_in,
8          output rx_buf_not_empty,
9          output rx_buf_full,
10         output [7:0]rx_get_data,
11         input tx_write,
12         input [7:0]tx_send_data,
13         output tx_pin_out,
14         output tx_buf_not_full
15         );
16     wire rx_read_buf, tx_write_buf;
17     wire rst_en_ctl;
18     en_ctl en_ctl(
19         .clk( clk ),
20         .rst( rst ),
21         .en( en ),
```

```verilog
22              .rx_read( rx_read ),
23              .tx_write( tx_write ),
24              .rst_en_ctl( rst_en_ctl ),
25              .rx_read_buf( rx_read_buf ),
26              .tx_write_buf( tx_write_buf )
27          );
28          wire [7:0]rx_data;
29          wire rx_write_buf;
30          wire rx_buf_empty;
31          assign rx_buf_not_empty = ~rx_buf_empty;
32          data_buf rx_buf (
33              .clk( clk ),                    // input wire clk
34              .rst( rst ),                    // input wire rst
35              .din( rx_data ),                // input wire [7 : 0] din
36              .wr_en( rx_write_buf ),         // input wire wr_en
37              .rd_en( rx_read_buf ),          // input wire rd_en
38              .dout( rx_get_data ),           // output wire [7 : 0] dout
39              .full( rx_buf_full ),           // output wire full
40              .empty( rx_buf_empty )          // output wire empty
41          );
42          wire tx_read_buf;
43          wire [7:0]tx_data;
44          wire tx_buf_full, tx_buf_empty;
45          wire tx_buf_not_empty;
46          assign tx_buf_not_full = ~tx_buf_full;
47          assign tx_buf_not_empty = ~tx_buf_empty;
48          data_buf tx_buf (
49              .clk( clk ),                    // input wire clk
50              .rst( rst ),                    // input wire rst
51              .din( tx_send_data ),           // input wire [7 : 0] din
52              .wr_en( tx_write_buf ),         // input wire wr_en
53              .rd_en( tx_read_buf ),          // input wire rd_en
54              .dout( tx_data ),               // output wire [7 : 0] dout
55              .full( tx_buf_full ),           // output wire full
56              .empty( tx_buf_empty )          // output wire empty
57          );
58          tx_top tx_top(
59              .clk( clk ),
60              .rst( rst_en_ctl ),
```

```
61              .tx_pin_out( tx_pin_out ),
62              .tx_data( tx_data ),
63              .tx_buf_not_empty( tx_buf_not_empty ),
64              .tx_read_buf( tx_read_buf )
65          );
66      rx_top rx_top(
67              .clk( clk ),
68              .rst( rst_en_ctl ),
69              .rx_pin_in( rx_pin_in ),
70              .rx_data( rx_data ),
71              .rx_done_sig( rx_write_buf )
72          );
73  endmodule
```

如图 5-26 所示为 uart_top.v 文件编译后的 RTL 原理图。

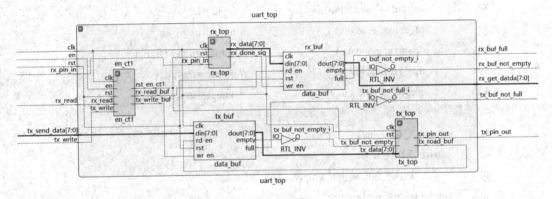

图 5-26　串口控制器 RTL 原理图

3. en_ctl.v 模块

en_ctl.v 详细代码如下：

```
1   `timescale 1ns / 1ps
2   module en_ctl(
3       input clk,
4       input rst,
5       input en,
6       input rx_read,
7       input tx_write,
8       output reg rst_en_ctl,
9       output rx_read_buf,
10      output tx_write_buf
11      );
12      //
```

```
13      reg en_reg;
14      reg [3:0]cnt;
15      always @( posedge clk or posedge rst )
16          if( rst )
17              en_reg <= 1'b0;
18          else if( cnt == 4'd15 )
19              en_reg <= en;
20      always @( posedge clk or posedge rst )
21          if( rst )
22              cnt <= 4'd0;
23          else if( cnt != 4'd15 )
24              cnt <= cnt + 1'b1;
25      wire en_H2L;
26      reg en_pre;
27      assign en_H2L = !en & en_pre;
28      always @( posedge clk or posedge rst )
29          if( rst )
30              en_pre <= 1'b0;
31          else
32              en_pre <= en;
33      always @( posedge clk or posedge rst )
34          if( rst )
35              rst_en_ctl <= 1'b1;
36          else if( en_H2L )
37              rst_en_ctl <= 1'b1;
38          else
39              rst_en_ctl <= 1'b0;
40      //
41      assign rx_read_buf = rx_read & en_reg;
42      assign tx_write_buf = tx_write & en_reg;
43  endmodule
```

该模块主要分三部分：使能信号延时、"被控复位信号"控制、时钟及读写数据缓存控制。

1) 使能信号延时

在发生复位操作的时候系统在几个周期内处于不稳定状态，如果这个时候对系统进行操作将得不到正确结果。所以为了使系统能正常工作，必须对使能信号 en 进行延时操作。本功能对应的代码段为上述代码的第 13～24 行。第 20～24 行：当复位信号有效时将 cnt 设置为 4'd0，否则对 cnt 进行加一操作直到 cnt 的值为 4'd15 时为止，从而实现延时 16 个周期的操作；第 15～19 行：当复位信号有效时将 en_reg 设置为低电平，否则当 cnt 为 4'd15

时将 en_reg 设置为 en 的电平。en_reg 保存 en 的有效值。

2) "被控复位信号"控制

当使能信号 en 从有效变为无效的时候串口控制器可能正在接收或者发送数据,此时系统将处于一个不正常的状态。为了使系统能正常工作,必须对接收模块和发送模块单独地进行一次复位操作。本功能对应的代码段为上述代码的第 25~39 行。第 27~32 行用于检测 en 信号的下降沿。若有 en 信号产生下降沿,则 en_H2L 为高电平,否则为低电平。第 33~39 行:当 en_H2L 信号为高电平或者复位信号有效时,使被控复位信号有效,否则使被控复位信号无效。

3) 时钟及读写数据缓存控制

为了达到节能的目的,当"有效使能"——en_reg 无效时,不为接收模块和发送模块提供时钟。为此,要对时钟进行使能控制。另外,当"有效使能"无效时,读写数据缓存信号应该也为无效。本功能对应的代码段为上述代码的第 41~42 行。

4. 使用 IP 核 FIFO 定制数据缓存 data_buf 模块

由于 IP 核 FIFO 定制数据缓存 data_buf 模块同第 3 章的示例一样,这里不再赘述。

5. 发送模块 tx_top.v 的设计

串口发送主要考虑的是什么情况下发送数据以及以怎样的速率发送数据。本模块为组合模块,由发送波特率生成模块(tx_band_gen.v)、串口发送控制模块(tx_ctl.v)组成。设计框图如图 5-27 所示。

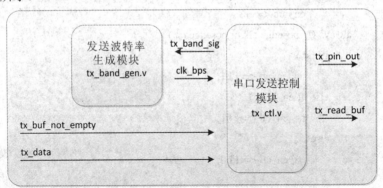

图 5-27　串口发送模块框图

首先,串口发送控制模块根据 tx_buf_not_empty 信号判断发送缓存是否不为空。若不为空,则串口发送控制模块从"发送缓存"中读取待发送数据,并通知发送波特率生成模块生成频率为 9600 Hz 的波特率。之后串口发送控制模块根据生成的波特率将数据发送出去。

tx_top.v 详细代码如下:

```
1    `timescale 1ns / 1ps
2    module tx_top(
3        input clk,
4        input rst,
5        output tx_pin_out,
```

```
6            input [7:0]tx_data,
7            input tx_buf_not_empty,
8            output tx_read_buf
9            );
10           wire tx_band_sig;
11           wire clk_bps;
12           tx_band_gen tx_band_gen(
13               .clk( clk ),
14               .rst( rst ),
15               .band_sig( tx_band_sig ),
16               .clk_bps( clk_bps )
17           );
18           tx_ctl tx_ctl(
19               .clk( clk ),
20               .rst( rst ),
21               .tx_clk_bps( clk_bps ),
22               .tx_band_sig( tx_band_sig ),
23               .tx_pin_out( tx_pin_out ),
24               .tx_data( tx_data ),
25               .tx_buf_not_empty( tx_buf_not_empty ),
26               .tx_read_buf( tx_read_buf )
27           );
28       endmodule
```

如图 5-28 所示为 tx_top.v 文件经编译后生成的 RTL 原理图。

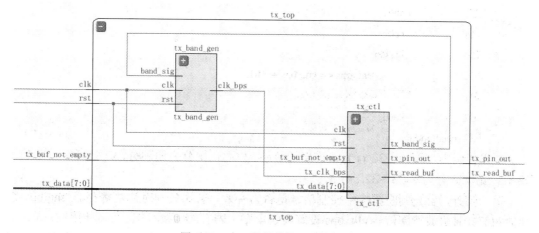

图 5-28　串口发送模块 RTL 原理图

(1) 发送波特率模块 tx_band_gen.v 的设计。

```
1    `timescale 1ns / 1ps
2    module tx_band_gen(
```

```verilog
3        input clk,
4        input rst,
5        input band_sig,
6        output reg clk_bps
7        );
8        parameter SYS_RATE = 100000000;
9        parameter BAND_RATE = 9600;
10       parameter CNT_BAND = SYS_RATE / BAND_RATE;
11       reg [13:0]cnt_bps;
12       always @( posedge clk or posedge rst )
13           if( rst )
14           begin
15               cnt_bps <= CNT_BAND - 1'b1;
16               clk_bps <= 1'b0;
17           end
18           else if( !band_sig )
19           begin
20               cnt_bps <= CNT_BAND - 1'b1;
21               clk_bps <= 1'b0;
22           end
23           else if( cnt_bps == CNT_BAND )
24           begin
25               cnt_bps <= 14'd0;
26               clk_bps <= 1'b1;
27           end
28           else
29           begin
30               cnt_bps <= cnt_bps + 1'b1;
31               clk_bps <= 1'b0;
32           end
33   endmodule
```

上述代码中，第 18～32 行为该模块的核心。核心代码分为两部分，第一部分为第 18～22 行，第二部分为第 23～32 行。

第一部分，首先判断波特率控制信号是否为有效。若无效则对计数寄存器 cnt_bps 赋计数初值并且将波特率信号 clk_bps 设置为低电平，若有效则执行第二部分代码。

第二部分，首先判断计数寄存器 cnt_bps 是否为计数终值 CNT_BAND。若是，则将 cnt_bps 设置为 0，并且将 clk_bps 设置为高电平，否则对计数寄存器 cnt_bps 进行加一操作，并且将 clk_bps 设置为低电平。为了能更快地发送数据(即当波特率控制信号有效后能尽快发送数据)，这里将计数初值设置为 CNT_BAND -1。计数终值 CNT_BAND 的设定与开发板固有频率 SYS_RATE 和串口波特率 BAND_RATE 有关，计算公式为：CNT_BAND = SYS_RATE / BAND_RATE。系统频率为 100 MHz，波特率这里设为 9600。

　　(2) 发送控制模块 tx_ctl.v 的设计。

```verilog
1      `timescale 1ns / 1ps
2      module tx_ctl(
3          input clk,
4          input rst,
5          input tx_clk_bps,
6          output reg tx_band_sig,
7          output reg tx_pin_out,
8          input [7:0]tx_data,
9          input tx_buf_not_empty,
10         output reg tx_read_buf
11         );
12         localparam [3:0] IDLE = 4'd0, BEGIN = 4'd1, DATA0 = 4'd2,DATA1 = 4'd3,
13                          DATA2 = 4'd4, DATA3 = 4'd5, DATA4 = 4'd6, DATA5 = 4'd7,
14                          DATA6 = 4'd8,   DATA7 = 4'd9, END = 4'd10, BFREE = 4'd11;
15         reg [3:0]pos;
16         always @( posedge clk or posedge rst )
17             if( rst )
18             begin
19                 tx_band_sig <= 1'b0;
20                 tx_pin_out <= 1'b1;
21                 tx_read_buf <= 1'b0;
22                 pos <= IDLE;
23             end
24             else
25                 case( pos )
26                     IDLE:
27                         if( tx_buf_not_empty )
28                         begin
29                             tx_read_buf <= 1'b1;
30                             tx_band_sig <= 1'b1;
31                             pos <= pos + 1'b1;
32                         end
33                     BEGIN:
34                     begin
35                         tx_read_buf <= 1'b0;
36                         if( tx_clk_bps )
```

```
37                          begin
38                              tx_pin_out <= 1'b0;
39                              pos <= pos + 1'b1;
40                          end
41                      end
42              DATA0, DATA1, DATA2, DATA3, DATA4, DATA5, DATA6, DATA7:
43                  if( tx_clk_bps )
44                      begin
45                          tx_pin_out <= tx_data[ pos - DATA0 ];
46                          pos <= pos + 1'b1;
47                      end
48              END:
49                  if( tx_clk_bps )
50                      begin
51                          tx_pin_out <= 1'b1;
52                          pos <= pos + 1'b1;
53                      end
54              BFREE:
55                      if( tx_clk_bps )
56                      begin
57                          pos <= IDLE;
58                          tx_band_sig <= 1'b0;
59                      end
60                  endcase
61      endmodule
```

该模块为其顶层模块 tx_top 模块的核心部分,主要功能为检测发送缓存中是否有数据,若有则开始发送数据,否则继续等待。在本设计中将发送过程分为 12 个工作状态,分别为:空闲状态(IDLE)、开始位状态(BEGIN)、8 个数据位状态(DATA)、结束位状态(END)、发送结束状态(BFREE)。初始状态为 IDLE。IDLE 状态下,当 tx_buf_not_empty 被拉高(发送缓存不为空)时通知波特率生成模块工作,并且读取发送缓存中的数据,同时将其工作状态转化 BEGIN 状态。之后每个状态发送一位数据,并且每当波特率信号为高电平时转化到下一个状态,直到数据发送完成转化为 IDLE 状态。

6. 接收模块 rx_top.v 的设计

本设计中,接收模块 rx_top 由三部分组成:下降沿检测模块(H2L_detect)、串口接收控制模块(tx_ctl)、接收波特率模块(rx_band_gen)。如图 5-29 所示为接收模块的设计框图。首先,由下降沿检测模块检测接收引脚上是否有下降沿产生,如果有则表明有数据到达,通知串口接收控制模块准备接收。然后,串口接收控制模块通知接收波特率模块生成特定频率波特率,串口接收控制模块根据该波特率接收数据。最后,数据接收完后通知接收波特率模块停止生成波特率，并通知上层模块取走该数据。

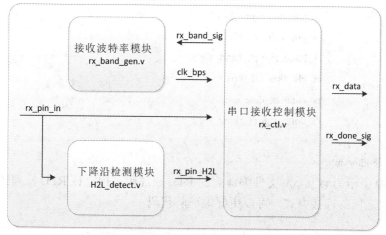

图 5-29　接收模块设计框图

rx_top.v 详细代码如下：

```
1    `timescale 1ns / 1ps
2    module rx_top(
3        input clk,
4        input rst,
5        input rx_pin_in,
6        output [7:0]rx_data,
7        output rx_done_sig
8        );
9        wire rx_pin_H2L;
10       H2L_detect rx_in_detect(
11           .clk( clk ),
12           .rst( rst ),
13           .pin_in( rx_pin_in ),
14           .sig_H2L( rx_pin_H2L )
15       );
16       wire rx_band_sig;
17       wire clk_bps;
18       rx_band_gen rx_band_gen(
19           .clk( clk ),
20           .rst( rst ),
21           .band_sig( rx_band_sig ),
22           .clk_bps( clk_bps )
23       );
24       rx_ctl rx_ctl(
25           .clk( clk ),
```

```
26          .rst( rst ),
27          .rx_pin_in( rx_pin_in ),
28          .rx_pin_H2L( rx_pin_H2L ),
29          .rx_band_sig( rx_band_sig ),
30          .rx_clk_bps( clk_bps ),
31          .rx_data( rx_data ),
32          .rx_done_sig( rx_done_sig )
33      );
34  endmodule
```

如图 5-30 所示为 rx_top.v 文件编译后的 RTL 原理图。根据该 RTL 原理图可以清楚地看到各个模块之间的连接方式，可以更好地理解代码。

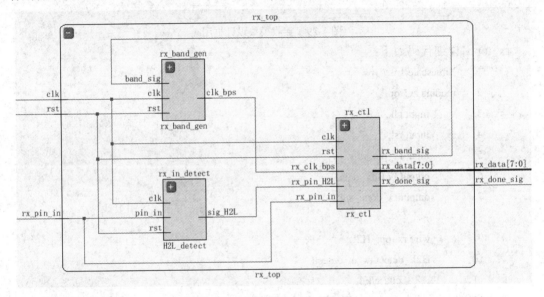

图 5-30　接收模块 RTL 原理图

下面是各子模块的程序代码。

(1) H2L_detect.v 代码如下：

```
1   `timescale 1ns / 1ps
2   module H2L_detect(
3       input clk,
4       input rst,
5       input pin_in,
6       output sig_H2L
7       );
8       reg pin_pre;
9       assign sig_H2L = !pin_in & pin_pre;
10      always @( posedge clk or posedge rst )
11          if( rst )
```

```
12                     pin_pre <= 1'b0;
13             else
14                     pin_pre <= pin_in;
15      endmodule
```

H2L_detect.v 模块用于检查信号的下降沿，其代码同 en_ctl.v 文件的第 21～27 行代码一样，这里不再赘述。

(2) rx_band_gen.v。

rx_band_gen.v 与 tx_band_gen.v 类似，不同之处在于 reg[]变量 cnt_bps 在置位和空闲时刻赋值不同。在接收模块中，为了保证接收数据的正确性，数据采集都是在每位数据的中间进行，也就是说每当数据到达时，都要等半个波特率周期的时间才能采集，之后每隔一个波特率周期便可以采集一位。所以这里的置位和空闲时刻赋值应该为参数 CNT_BAND 的一半，即 HALF_CNT_BAND。由于 rx_band_gen.v 与 tx_band_gen.v 大致相同，这里不再对代码进行讲解。

(3) rx_ctl.v 代码如下：

```
1       `timescale 1ns / 1ps
2       module rx_ctl(
3               input clk,
4               input rst,
5               input rx_pin_in,
6               input rx_pin_H2L,
7               output reg rx_band_sig,
8               input rx_clk_bps,
9               output reg[7:0]rx_data,
10              output reg rx_done_sig
11              );
12      localparam [3:0] IDLE = 4'd0, BEGIN = 4'd1, DATA0 = 4'd2,
13                       DATA1 = 4'd3, DATA2 = 4'd4, DATA3 = 4'd5,
14                       DATA4 = 4'd6, DATA5 = 4'd7, DATA6 = 4'd8,
15                       DATA7 = 4'd9, END = 4'd10, BFREE = 4'd11;
16      reg [3:0]pos;
17      always @( posedge clk or posedge rst )
18              if( rst )
19              begin
20                      rx_band_sig <= 1'b0;
21                      rx_data <= 8'd0;
22                      pos <= IDLE;
23                      rx_done_sig <= 1'b0;
24              end
25              else
```

```
26              case( pos )
27                  IDLE:
28                      if( rx_pin_H2L )
29                      begin
30                          rx_band_sig <= 1'b1;
31                          pos <= pos + 1'b1;
32                          rx_data <= 8'd0;
33                      end
34                  BEGIN:
35                      if( rx_clk_bps )
36                      begin
37                          if( rx_pin_in == 1'b0 )
38                              pos <= pos + 1'b1;
39                          else
40                          begin
41                              rx_band_sig <= 1'b0;
42                              pos <= IDLE;
43                          end
44                      end
45                  DATA0, DATA1, DATA2, DATA3, DATA4, DATA5, DATA6, DATA7:
46                      if( rx_clk_bps )
47                      begin
48                          rx_data[ pos - DATA0 ] <= rx_pin_in;
49                          pos <= pos + 1'b1;
50                      end
51                  END:
52                      if( rx_clk_bps )
53                      begin
54                          rx_done_sig <= 1'b1;
55                          pos <= pos + 1'b1;
56                          rx_band_sig <= 1'b0;
57                      end
58                  BFREE:
59                      begin
60                          rx_done_sig <= 1'b0;
61                          pos <= IDLE;
62                      end
63              endcase
64      endmodule
```

该模块为其顶层模块 rx_top 模块的核心部分, 主要功能为每当有数据到达时, 根据特定波特率接收数据, 并写入接收缓存。与 tx_ctl 模块类似, 本模块将接收过程分为 12 个工作状态, 且状态名称与 tx_ctl 中的相同。不同的是, 相同工作状态下所完成的任务不同。IDLE 状态下, 当 rx_pin_H2L 被拉高(数据开始位到达)时通知波特率生成模块工作, 并且将其工作状态转化为 BEGIN 状态。BEGIN 状态下, 当波特率信号被拉高时会检测数据开始位是否正确(可能是波动引起的)。若开始位不正确则转化为 IDLE 状态, 否则转化为 DATA 状态, 并接收数据。之后每个状态接收一位数据, 并且每当波特率信号为高电平时转化到下一个状态, 直到数据接收完成转化为 IDLE 状态。

7. 编辑约束文件 uart_demo.xdc

根据实验要求和实验顶层模块 uart_deme.v, 约束文件 uart_demo.xdc 的具体内容如下:

```
1    set_property PACKAGE_PIN P17 [get_ports clk]
2    set_property IOSTANDARD LVCMOS33 [get_ports clk]
3    set_property IOSTANDARD LVCMOS33 [get_ports rx_buf_not_empty]
4    set_property IOSTANDARD LVCMOS33 [get_ports rx_buf_full]
5    set_property IOSTANDARD LVCMOS33 [get_ports {tx_send_data[7]}]
6    set_property IOSTANDARD LVCMOS33 [get_ports {tx_send_data[6]}]
7    set_property IOSTANDARD LVCMOS33 [get_ports {tx_send_data[5]}]
8    set_property IOSTANDARD LVCMOS33 [get_ports {tx_send_data[4]}]
9    set_property IOSTANDARD LVCMOS33 [get_ports {tx_send_data[3]}]
10   set_property IOSTANDARD LVCMOS33 [get_ports {tx_send_data[2]}]
11   set_property IOSTANDARD LVCMOS33 [get_ports {tx_send_data[1]}]
12   set_property IOSTANDARD LVCMOS33 [get_ports {tx_send_data[0]}]
13   set_property IOSTANDARD LVCMOS33 [get_ports tx_buf_not_full]
14   set_property IOSTANDARD LVCMOS33 [get_ports en_sig_ld16]
15   set_property IOSTANDARD LVCMOS33 [get_ports en_sw15]
16   set_property IOSTANDARD LVCMOS33 [get_ports get_btn_d]
17   set_property IOSTANDARD LVCMOS33 [get_ports rst_n]
18   set_property IOSTANDARD LVCMOS33 [get_ports rx_pin_jb1]
19   set_property IOSTANDARD LVCMOS33 [get_ports send_btn_r]
20   set_property IOSTANDARD LVCMOS33 [get_ports tx_pin_jb0]
21   set_property PACKAGE_PIN T4 [get_ports tx_pin_jb0]
22   set_property PACKAGE_PIN N5 [get_ports rx_pin_jb1]
23   set_property PACKAGE_PIN P15 [get_ports rst_n]
24   set_property PACKAGE_PIN R11 [get_ports send_btn_r]
25   set_property PACKAGE_PIN R17 [get_ports get_btn_d]
26   set_property PACKAGE_PIN P5 [get_ports {tx_send_data[7]}]
27   set_property PACKAGE_PIN P4 [get_ports {tx_send_data[6]}]
28   set_property PACKAGE_PIN P3 [get_ports {tx_send_data[5]}]
```

```
29    set_property PACKAGE_PIN P2 [get_ports {tx_send_data[4]}]

30    set_property PACKAGE_PIN R2 [get_ports {tx_send_data[3]}]

31    set_property PACKAGE_PIN M4 [get_ports {tx_send_data[2]}]

32    set_property PACKAGE_PIN N4 [get_ports {tx_send_data[1]}]

33    set_property PACKAGE_PIN R1 [get_ports {tx_send_data[0]}]

34    set_property PACKAGE_PIN T5 [get_ports en_sw15]

35    set_property PACKAGE_PIN K3 [get_ports en_sig_ld16]

36    set_property PACKAGE_PIN K1 [get_ports rx_buf_not_empty]

37    set_property PACKAGE_PIN H6 [get_ports rx_buf_full]

38    set_property PACKAGE_PIN K6 [get_ports tx_buf_not_full]

39    set_property -dict {PACKAGE_PIN G2 IOSTANDARD LVCMOS33} [get_ports {an[3]}]

40    set_property -dict {PACKAGE_PIN C2 IOSTANDARD LVCMOS33} [get_ports {an[2]}]

41    set_property -dict {PACKAGE_PIN C1 IOSTANDARD LVCMOS33} [get_ports {an[1]}]

42    set_property -dict {PACKAGE_PIN H1 IOSTANDARD LVCMOS33} [get_ports {an[0]}]

43    set_property  -dict  {PACKAGE_PIN  B4  IOSTANDARD  LVCMOS33}  [get_ports
      {seg_code[0]}]

44    set_property  -dict  {PACKAGE_PIN  A4  IOSTANDARD  LVCMOS33}  [get_ports
      {seg_code[1]}]

45    set_property  -dict  {PACKAGE_PIN  A3  IOSTANDARD  LVCMOS33}  [get_ports
      {seg_code[2]}]

46    set_property  -dict  {PACKAGE_PIN  B1  IOSTANDARD  LVCMOS33}  [get_ports
      {seg_code[3]}]

47    set_property  -dict  {PACKAGE_PIN  A1  IOSTANDARD  LVCMOS33}  [get_ports
      {seg_code[4]}]

48    set_property  -dict  {PACKAGE_PIN  B3  IOSTANDARD  LVCMOS33}  [get_ports
      {seg_code[5]}]

49    set_property  -dict  {PACKAGE_PIN  B2  IOSTANDARD  LVCMOS33}  [get_ports
      {seg_code[6]}]

50    set_property  -dict  {PACKAGE_PIN  D5  IOSTANDARD  LVCMOS33}  [get_ports
      {seg_code[7]}]
```

5.5.5　系统仿真

由于工程中 input_signal_processing 和 data_show 模块只是对设备输入、输出信号进行处理，所以在这里只对核心模块 uart_top 进行仿真。仿真过程中会向 uart_top 模块发送一帧数据，以及从 uart_top 模块中接收两个数据。最后根据仿真波形，判断逻辑是否正确。

1. 编辑仿真文件——uart_top_tb.v

uart_top_tb.v 的详细代码如下：

```
1    `timescale 1ns / 1ps
```

```
2    module uart_top_tb;
3        reg clk, rst, en;
4        initial begin
5            clk = 1'b0;
6            rst = 1'b0;
7            en = 1'b0;
8            #10 en = 1'b1;                          //打开使能
9            #10 rst = 1'b1;                         //进行复位，复位时间为 10 ns（一个时钟周期）
10           #10 rst = 1'b0;
11       end
12       always #5 clk <= ~clk;              //由于时间单位是纳秒，而 basys3 开发板的工作频率是
                                             //100 MHz，所以 basys3 的时钟周期等于 10 个时间单位
13       reg read, rx_pin_in;
14       wire rx_buf_not_empty, rx_clk_bps;
15       wire [7:0]rx_get_data;
16       rx_band_gen rx_band_gen(
17           .clk( clk ),
18           .rst( rst ),
19           .band_sig( 1'b1 ),            //始终有效
20           .clk_bps( rx_clk_bps )
21       );
22       initial begin
23           read = 1'b0;                   //读操作初始化
24           rx_pin_in = 1'b1;             //接收引脚初始化
25           #100
26           @( posedge rx_clk_bps ) rx_pin_in = 1'b0;
27           @( posedge rx_clk_bps ) rx_pin_in = 1'b1;
28           @( posedge rx_clk_bps ) rx_pin_in = 1'b0;
29           @( posedge rx_clk_bps ) rx_pin_in = 1'b1;
30           @( posedge rx_clk_bps ) rx_pin_in = 1'b0;
31           @( posedge rx_clk_bps ) rx_pin_in = 1'b1;
32           @( posedge rx_clk_bps ) rx_pin_in = 1'b0;
33           @( posedge rx_clk_bps ) rx_pin_in = 1'b1;
34           @( posedge rx_clk_bps ) rx_pin_in = 1'b0;
35           @( posedge rx_clk_bps ) rx_pin_in = 1'b1;
36           @( posedge rx_clk_bps );
37           @( posedge rx_clk_bps );
38           @( posedge clk ) read = 1'b1;
39           @( posedge clk ) read = 1'b0;
```

```
40          end
41          reg write;
42          wire tx_pin_out, tx_buf_not_full;
43          reg [7:0] tx_send_data;
44          initial begin
45              write = 1'b0;
46              #10000
47              @( posedge clk ) tx_send_data = 8'b01101001; write = 1'b1;
48              @( posedge clk ) write = 1'b0;
49              @( posedge clk ) tx_send_data = 8'b01010101; write = 1'b1;
50              @( posedge clk ) write = 1'b0;
51          end
52          uart_top uart_top(
53              .clk( clk ),
54              .rst( rst ),
55              .en( en ),
56              .rx_read( read ),
57              .rx_pin_in( rx_pin_in ),
58              .rx_get_data( rx_get_data ),
59              .rx_buf_not_empty( rx_buf_not_empty ),
60              .tx_write( write ),
61              .tx_pin_out( tx_pin_out ),
62              .tx_send_data( tx_send_data ),
63              .tx_buf_not_full( tx_buf_not_full )
64          );
65      endmodule
```

上述仿真文件分为四部分。

第一部分为上述代码的第 3～12 行。这部分的功能主要是生成系统时钟(第 12 行)、产生复位信号(第 9～10 行)以及打开 uart_top 模块的使能信号(第 8 行)。由于开发板的工作频率为 100 MHz，而仿真的时间单位为纳秒，所以系统时钟周期为 10 个时间单位。故第 12 行的时间延时为 5 个时间单位。

第二部分为上述代码的第 13～40 行。这部分的功能主要是测试 uart_top 模块的数据接收功能。首先调用 rx_band_gen 模块生成数据发送所需的波特率(第 16～21 行)；然后根据生成的波特率向 uart_top 发送一帧数据：8'b01010101(第 22～35 行)；最后，等待两个波特率周期后从 uart_top 模块的接收缓存中读取接收到的数据(第 36～39 行)。

第三部分为上述代码的第 41～51 行。这部分的功能主要是测试 uart_top 模块的数据发送功能。这一部分比较简单，直接向 uart_top 模块的发送缓存连续写入两个数据。最后观察仿真波形即可。

第四部分为上述代码的第 52～64 行。这部分的主要功能是实例化待测模块 uart_top。

2. 执行行为仿真

设置仿真模块 uart_top_tb 为顶层模块，然后运行行为仿真。仿真波形如图 5-31 所示。

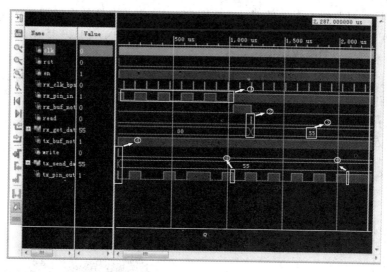

图 5-31　串口控制器仿真波形图

3. 波形分析

首先，观察数据接收相关信号。图 5-31 中标号①所示方框表示向 uart_top 模块发送了一帧数据：8'b01010101；标号②所示方框表示数据接收完后从 uart_top 模块的接收缓存中读取已接收的数据；标号③所示方框表示读取的已接收数据：8'h55，与接收的数据吻合，表示数据接收成功。因此可以确定数据接收功能良好。

然后，观察数据发送相关信号。标号④所示方框表示向 uart_top 模块发送缓存写入两个数据，其放大图如图 5-32 所示。从图 5-32 可知向 uart_top 模块写入了 8'h69 和 8'h55。标号⑤表示第一帧数据发送完毕，标号⑥表示第二帧数据发送完毕。比对发送数据与波形图可以发现两者吻合，表示数据发送成功，因此可以确定数据发送功能良好。

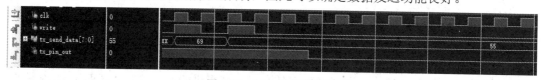

图 5-32　写入缓存波形图

通过以上波形分析，可以肯定串口控制器模块(uart_top)逻辑功能正确。

5.5.6　系统测试

本节为该实验的最后环节，进行物理验证。

1. 物理器件连接

用两根 Micro USB 线分别连接电脑与板卡上的 JTAG 端口和 UART 串口，打开电源开关。比特流文件生成后，打开"Hardware Manager"。在"Hardware Manager"界面点击"Open target"，选择"Auto Connect"。连接成功后，右击目标芯片并选择"Program Device"，再点击"Program",对 FPGA 芯片进行编程。

2. 功能验证

下载完成后,打开板卡上的使能开关(SW8-8),在电脑端打开串口调试软件 Serial Port Utility,参数配置如图 5-33(a)所示。在发送文本编辑框中输入"01 23 45 67 89",点击发送按钮,调试助手聊天窗口将显示发送数据。

将板卡上的拨码开关 SW5、SW6、SW7 打开(此时数码管的右两位会显示 07),按下 S0 按钮向电脑发送数据,此时串口调试助手聊天窗口会显示数据:07。按五次 S1 按钮,依次从接收缓存中读取从电脑端发来的数据:01、23、45、67、89,并在数码管上显示这些数据,如图 5-33(b)所示。

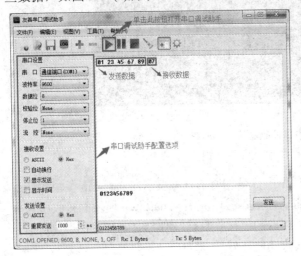

(a) 串口调试助手　　　　　　　　　　　　　(b) 实验实现

图 5-33　功能验证

通过对以上数据和现象的分析得出结论:该设计满足要求。

5.6　Vivado IP 集成实验

在第 3 章中介绍了 Vivado 集成开发环境,以及其提供的业界首款即插即用型 IP 核集成设计环境:IP 核集成器。Vivado 的 IP 核集成环境可提供具有器件和平台意识的互动环境,能支持关键 IP 核接口的智能自动连接、一键式 IP 核子系统生成、实时 DRC 和接口参数传递等功能,此外还提供强大的调试功能。使用 IP 核集成器环境在调用 IP 核进行连接时,设计人员工作在"接口"层面而不是"信号"层面上,这就大幅提高了生产效率。接口通常采用业界标准的 AXI4 接口。设计团队在接口层面上快速集成复杂系统,设计人员可以充分利用 Vivado HLS、System Generator、Xilinx SmartCore 和 LogiCORE 等工具设计的 IP 核模块、第三方 IP 核以及用户自定义 IP 核。利用 Vivado IP 核集成器和 HLS 等工具的完美组合,可以将开发成本降至采用 RTL 方式的 1/5。

Xilinx 大学计划(XUP)提供了非常丰富有用的资料以帮助高校用户更好、更快地使用

Vivado 以及 IP 核集成器进行学习与设计。Xilinx 大学计划提供的 IP 库中集成了许多基本逻辑元件、74 系列电路模块、常用接口模块等设计中常用的 IP 核，在 IP 核集成器环境下可以方便地调用这些模块进行设计，为广大师生以及 FPGA 爱好者提供了非常好的学习与开发平台。

本节将以一个简单实验为例讲解如何在 IP 核集成器环境下，使用 XUP IP 核来搭建设计。

5.6.1　实验说明

本实验采用拨码开关作为设计输入，LED 灯作为设计输出显示结果，采用 IP 核集成器环境作为设计集成工具，使用 XUP IP 库中的基本元件以及 74 系列基本电路模块搭建一个简单电路，用来演示 IP 核集成器环境的使用以及封装后的 IP 核使用流程。

5.6.2　实验流程

本实验要求使用 IP 核集成器添加基本元器件 IP 核并进行 IP 核系统集成、连接，在 IP 核集成器环境中完成设计逻辑的创建，导出其 HDL 顶层并完成设计综合和实现，生成比特流和板级验证。具体实验流程如下。

(1) 仍然按照前述章节中的步骤来建立工程，并在 Flow Navigator 栏点击 Project Setting，接着选择 IP，并且选择 Repository Manager。点击绿色加号，选择想要使用的 IP 库的路径，如 F:\2014_2_artix7_sources\XUP_LIB，如图 5-34 所示。

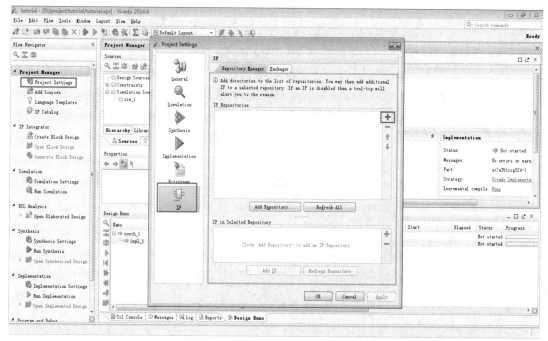

图 5-34　IP 库设置界面

(2) 在 Vivado 的流程向导(Flow Navigator)窗口中，选择 Create Block Design 选项，打开创建模块设计的向导，如图 5-35 所示。

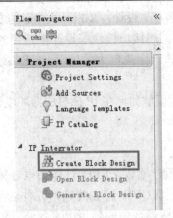

图 5-35　Flow Navigator 界面

(3) 这里都保持默认设置，直接点击 OK 按钮完成模块设计文件的创建，如图 5-36 所示。

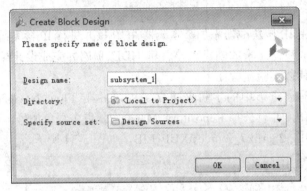

图 5-36　Create Block Design 界面

(4) 此时，在 Vivado 窗口中会打开这个模块设计文件，可以看到它是类似于一张白纸的“画布”，在这个文件中通过图形化的方式调用 IP 核并完成 IP 核的连接，以进行 FPGA 设计的搭建；在窗口中空白处点击右键选择 Add IP 可以打开 Vivado 的 IP Catalog，用户可以在 IP Catalog 中挑选所用的 IP 核并进行例化，如图 5-37 所示。

图 5-37　添加 IP

(5) 在列表中选择添加需要使用的 IP 核，例如可以添加若干 AXI 接口的 IP 核来创建一个 IP 核子系统，如图 5-38(仅示例)所示。

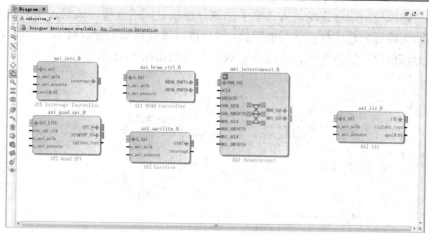

图 5-38　IP 核集成器添加 IP 核示范

(6) 这里，使用之前添加的 IP 库中所提供的基本元件，在 IP 核列表上方搜索框内键入"inv"，搜索反向器，如图 5-39 所示；双击其中第一个元器件，将其加入 IP 核集成器中，可以看到在 IP 核集成器环境中该反向器被加入进来了。这时，该模块上的接口为系统默认接口。稍后，按照使用需求，对反向器进行连接。

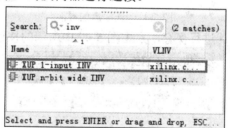

图 5-39　IP 核搜索界面

(7) 运用相似的方法，再添加另外两个 2 输入的与门、一个 2 输入的或门和一个 74ls138 译码器，添加完成后 IP 核集成器界面如图 5-40 所示。

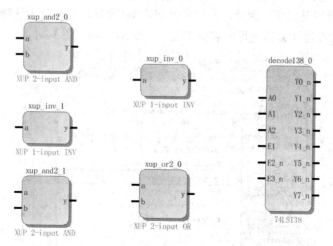

图 5-40　整体元器件框图

(8) 在 IP 核集成器的环境下，用户可以使用左键双击图形化的 IP 模块来对其进行参数配置；用户可以使用鼠标拖动的方式来手动进行模块之间的连线，或通过工具自动连线的功能来辅助完成部分总线接口信号的连接；用户可以通过鼠标右键选择 IP 模块对应的引脚来引出作为整体设计的对外端口。连接完成后的界面如图 5-41 所示。

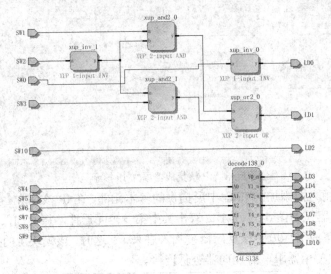

图 5-41 连线后的界面

(9) 对 IP 核集成器设计进行保存，点击图 5-42 中所示的按钮保存。

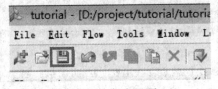

图 5-42 保存界面

(10) 在 IP 核集成器中完成设计并确认无误后，返回到 Vivado 主界面的 Sources 窗口。在 Sources 窗口中看到 IP 核集成器所创建的模块设计.bd 文件。接下来将在 Vivado 工具中继续进行设计的综合以及实现，因此，需要右键点击 bd 文件，在弹框中选择 Generate Output Products 以生成后续设计编译流程所需要的文件，如图 5-43、图 5-44 所示。

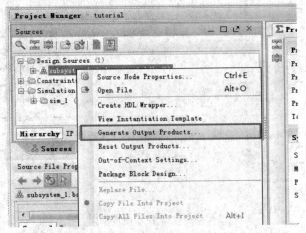

图 5-43 生成输出文件

图 5-44　IP 核集成器设计生成选项

Vivado 工具的设计综合与实现的操作是基于 HDL 或网表顶层进行的，需要右键点击 bd 文件并选择 Create HDL Wrapper 以生成一个 HDL 的设计顶层，如图 5-45 所示。

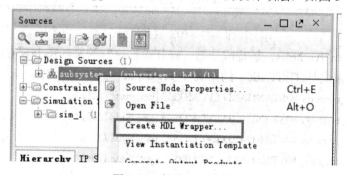

图 5-45　创建 HDL 封装

(11) 出现如图 5-46 所示的 Create HDL Wrapper 对话框，用户可选择即将生成的 HDL 封装文件是由用户来负责维护还是由 Vivado 工具自动进行维护。若选择 Copy generated wrapper to allow user edits 选项，则用户可以自己对 HDL 封装文件进行编辑修改。若该 IP 核集成设计仅仅是更大设计中的一个子系统，即该 bd 设计会被上层设计例化，其 HDL 封装文件需要被用户编辑以便加入其他逻辑，通常选择使用该方式；否则的话，可以选择 Let Vivado manage wrapper and auto-update 选项来让 Vivado 工具在 bd 设计更新后自动更新其 HDL 封装文件，无需用户过多关注。

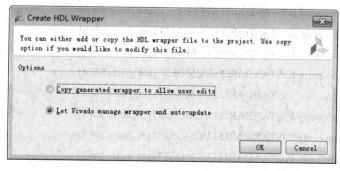

图 5-46　HDL 封装维护选项

至此，使用核 IP 集成器来进行 FPGA 设计开发的主要流程就完成了，接下来的流程便和之前章节中描述的基于 HDL 方式进行设计输入的工程相同了，可以使用 Vivado 工具来进行设计的 RTL 分析、仿真、综合和设计实现等流程。

(12) 打开 RTL Analysis 可以看到 RTL 视图如图 5-47 所示。

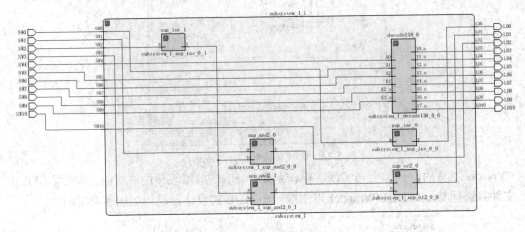

图 5-47　RTL 视图界面

(13) 点击 Run Synthesis，运行成功后，打开设计进行管脚约束并保存。

编辑管脚约束文件 TEST.xdc，约束文件 TEST.xdc 具体内容如下：

```
 1    set_property IOSTANDARD LVCMOS33 [get_ports LD1]

 2    set_property IOSTANDARD LVCMOS33 [get_ports LD2]

 3    set_property IOSTANDARD LVCMOS33 [get_ports LD3]

 4    set_property IOSTANDARD LVCMOS33 [get_ports LD4]

 5    set_property IOSTANDARD LVCMOS33 [get_ports LD5]

 6    set_property IOSTANDARD LVCMOS33 [get_ports LD6]

 7    set_property IOSTANDARD LVCMOS33 [get_ports LD0]

 8    set_property IOSTANDARD LVCMOS33 [get_ports LD7]

 9    set_property IOSTANDARD LVCMOS33 [get_ports LD8]

10    set_property IOSTANDARD LVCMOS33 [get_ports LD9]

11    set_property IOSTANDARD LVCMOS33 [get_ports LD10]

12    set_property IOSTANDARD LVCMOS33 [get_ports SW0]

13    set_property IOSTANDARD LVCMOS33 [get_ports SW1]

14    set_property IOSTANDARD LVCMOS33 [get_ports SW2]

15    set_property IOSTANDARD LVCMOS33 [get_ports SW3]

16    set_property IOSTANDARD LVCMOS33 [get_ports SW4]

17    set_property IOSTANDARD LVCMOS33 [get_ports SW10]

18    set_property IOSTANDARD LVCMOS33 [get_ports SW9]

19    set_property IOSTANDARD LVCMOS33 [get_ports SW8]

20    set_property IOSTANDARD LVCMOS33 [get_ports SW7]

21    set_property IOSTANDARD LVCMOS33 [get_ports SW6]
```

22   set_property IOSTANDARD LVCMOS33 [get_ports SW5]

23   set_property PACKAGE_PIN F6 [get_ports LD0]

24   set_property PACKAGE_PIN G4 [get_ports LD1]

25   set_property PACKAGE_PIN G3 [get_ports LD2]

26   set_property PACKAGE_PIN J4 [get_ports LD3]

27   set_property PACKAGE_PIN H4 [get_ports LD4]

28   set_property PACKAGE_PIN J3 [get_ports LD5]

29   set_property PACKAGE_PIN J2 [get_ports LD6]

30   set_property PACKAGE_PIN K2 [get_ports LD7]

31   set_property PACKAGE_PIN K1 [get_ports LD8]

32   set_property PACKAGE_PIN H6 [get_ports LD9]

33   set_property PACKAGE_PIN H5 [get_ports LD10]

34   set_property PACKAGE_PIN P5 [get_ports SW0]

35   set_property PACKAGE_PIN P4 [get_ports SW1]

36   set_property PACKAGE_PIN P3 [get_ports SW2]

37   set_property PACKAGE_PIN P2 [get_ports SW3]

38   set_property PACKAGE_PIN R2 [get_ports SW4]

39   set_property PACKAGE_PIN M4 [get_ports SW5]

40   set_property PACKAGE_PIN N4 [get_ports SW6]

41   set_property PACKAGE_PIN R1 [get_ports SW7]

42   set_property PACKAGE_PIN U3 [get_ports SW8]

43   set_property PACKAGE_PIN U2 [get_ports SW9]

44   set_property PACKAGE_PIN V2 [get_ports SW10]

45   set_property PACKAGE_PIN U2 [get_ports SW9]

46   set_property PACKAGE_PIN V2 [get_ports SW10]

(14) 点击 Generate Bitstream 生成比特流并且验证，接着打开硬件管理，下载比特流文件至开发板，如图 5-48 所示。

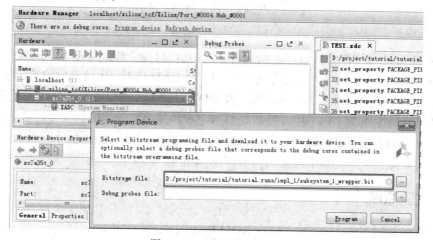

图 5-48 下载比特流界面

(15) 经过板级验证，拨动拨码开关，可以观察到 LED 的亮灭情况，如图 5-49 所示。至此完成 IP 核集成器实验。

图 5-49　板级验证图

5.7　VGA 接口实验

5.7.1　VGA 接口概述

VGA(Video Graphics Array, 视频图形阵列)接口就是显卡上输出模拟信号的接口, 是 IBM 于 1987 年提出的一个电脑显示标准。VGA 接口, 也叫 D-Sub 接口, 如图 5-50 所示。

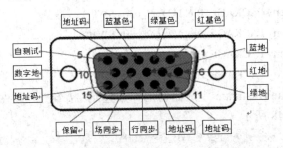

图 5-50　VGA 接口

VGA 接口是一种 D 型接口, 上面共有 15 针孔, 分成 3 排, 每排 5 个。其中, 除了 2 根 NC(Not Connect)信号、3 根显示数据总线和 5 个 GND 信号, 比较重要的是 3 根 RGB 彩色分量信号和 2 根扫描同步信号 HSYNC 和 VSYNC。VGA 接口中彩色分量采用 RS343 电平标准, 其峰值电压为 1 V。VGA 接口是显卡上应用最为广泛的接口类型, 多数显卡带有此种接口。有些不带 VGA 接口而带有 DIV(Digital Visual Interface, 数字视频接口)接口的显卡, 也可以通过一个简单的转接头将 DIV 接口转成 VGA 接口。

5.7.2　实验原理

本节实验通过 VGA 接口将存储在 ROM 中的图片进行输出, 并且可以通过不断改变每帧图像中图片的显示位置使 VGA 输出的图像成为动态图像。

1. 设计顶层与图片数据输出控制

本实验使用 FPGA 内部时钟管理模块产生系统所需时钟；使用 ROM IP 核来存储事先准备好的图片数据；最后通过 VGA 时序模块产生时序并连同数据一同输出至 VGA 显示器。本实验的系统框图如图 5-51 所示。

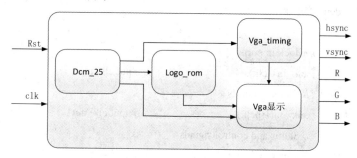

图 5-51 顶层模块框图

在设计的顶层模块中，调用了 dcm_25m 时钟管理模块、logo_rom 模块、vga_640x480 模块。通过对 logo 图像输出位置坐标的控制，可以控制输出画面中图片所在位置。通过连续不断地改变输出图像的坐标，可以得到图片不断移动的效果。

这部分设计代码如下：

```
1       `timescale 1 ns / 1 ns
2       module top_flyinglogo(clk, rst_n, hsync, vsync, vga_r, vga_g, vga_b);
3           input           clk;
4           input           rst_n;
5           output          hsync;
6           output          vsync;
7           output [3:0]    vga_r;
8           output [3:0]    vga_g;
9           output [3:0]    vga_b;
10          wire            pclk;
11          wire            valid;
12          wire [9:0]      h_cnt;
13          wire [9:0]      v_cnt;
14          reg [11:0]      vga_data;
15          reg [13:0]      rom_addr;
16          wire [11:0]     douta;
17          wire            logo_area;
18          reg [9:0]       logo_x;
19          reg [9:0]       logo_y;
20          parameter [9:0] logo_length = 10'b0010101001;
21          parameter [9:0] logo_hight  = 10'b0001001110;
```

```verilog
22        reg [7:0]         speed_cnt;
23        wire              speed_ctrl;
24        wire rst;
25        assign rst = ~rst_n;
26        reg [3:0]         flag_edge;
27          dcm_25m u0
28              (
29              // Clock in ports
30              .clk_in1(clk),                    // input clk_in1
31              // Clock out ports
32              .clk_out1(pclk),                  // output clk_out1
33              // Status and control signals
34              .reset(rst));
35          logo_rom u1 (
36              .clka(pclk),                      // input wire clka
37              .addra(rom_addr),                 // input wire [13 : 0] addra
38              .douta(douta)                     // output wire [11 : 0] douta
39          );
40          vga_640x480 u2 (
41              .pclk(pclk),
42              .reset(rst),
43              .hsync(hsync),
44              .vsync(vsync),
45              .valid(valid),
46              .h_cnt(h_cnt),
47              .v_cnt(v_cnt)
48              );
49        assign logo_area = ((v_cnt >= logo_y) & (v_cnt <= logo_y + logo_hight - 1) &(h_cnt >=
   logo_x) & (h_cnt <= logo_x + logo_length - 1)) ? 1'b1 : 1'b0;
50        always @(posedge pclk)
51        begin: logo_display
52          if (rst == 1'b1)
53              vga_data <= 12'b000000000000;
54          else
55          begin
56              if (valid == 1'b1)
57              begin
58                  if (logo_area == 1'b1)
59                  begin
```

```
60                      rom_addr <= rom_addr + 14'b00000000000001;
61                      vga_data <= douta;
62                  end
63              else
64              begin
65                      rom_addr <= rom_addr;
66                      vga_data <= 12'b000000000000;
67              end
68          end
69          else
70          begin
71              vga_data <= 12'b111111111111;
72              if (v_cnt == 0)
73                  rom_addr <= 14'b00000000000000;
74          end
75      end
76  end
77  assign vga_r = vga_data[11:8];
78  assign vga_g = vga_data[7:4];
79  assign vga_b = vga_data[3:0];
80  always @(posedge pclk)
81  begin: speed_control
82      if (rst == 1'b1)
83          speed_cnt <= 8'h00;
84      else
85      begin
86          if ((v_cnt[5] == 1'b1) & (h_cnt == 1))
87              speed_cnt <= speed_cnt + 8'h01;
88      end
89  end
90  debounce u3(.sig_in(speed_cnt[5]), .clk(pclk), .sig_out(speed_ctrl));
91  always @(posedge pclk)
92  begin: logo_move
93      reg [1:0]           flag_add_sub;
94      if (rst == 1'b1)
95      begin
96          flag_add_sub = 2'b01;
97          logo_x <= 10'b0110101110;
98          logo_y <= 10'b0000110010;
```

```
99              end
100         else
101         begin
102             if (speed_ctrl == 1'b1)
103             begin
104                 if (logo_x == 1)
105                 begin
106                     if (logo_y == 1)
107                     begin
108                         flag_edge <= 4'h1;
109                         flag_add_sub = 2'b00;
110                     end
111                     else if (logo_y == 480 - logo_hight)
112                     begin
113                         flag_edge <= 4'h2;
114                         flag_add_sub = 2'b01;
115                     end
116                     else
117                     begin
118                         flag_edge <= 4'h3;
119                         flag_add_sub[1] = (~flag_add_sub[1]);
120                     end
121                 end
122                 else if (logo_x == 640 - logo_length)
123                 begin
124                     if (logo_y == 1)
125                     begin
126                         flag_edge <= 4'h4;
127                         flag_add_sub = 2'b10;
128                     end
129                     else if (logo_y == 480 - logo_hight)
130                     begin
131                         flag_edge <= 4'h5;
132                         flag_add_sub = 2'b11;
133                     end
134                     else
135                     begin
136                         flag_edge <= 4'h6;
137                         flag_add_sub[1] = (~flag_add_sub[1]);
```

```verilog
138                    end
139                end
140                else if (logo_y == 1)
141                begin
142                    flag_edge <= 4'h7;
143                    flag_add_sub[0] = (~flag_add_sub[0]);
144                end
145                else if (logo_y == 480 - logo_hight)
146                begin
147                    flag_edge <= 4'h8;
148                    flag_add_sub[0] = (~flag_add_sub[0]);
149                end
150                else
151                begin
152                    flag_edge <= 4'h9;
153                    flag_add_sub = flag_add_sub;
154                end
155                case (flag_add_sub)
156                    2'b00 :
157                        begin
158                            logo_x <= logo_x + 10'b0000000001;
159                            logo_y <= logo_y + 10'b0000000001;
160                        end
161                    2'b01 :
162                        begin
163                            logo_x <= logo_x + 10'b0000000001;
164                            logo_y <= logo_y - 10'b0000000001;
165                        end
166                    2'b10 :
167                        begin
168                            logo_x <= logo_x - 10'b0000000001;
169                            logo_y <= logo_y + 10'b0000000001;
170                        end
171                    2'b11 :
172                        begin
173                            logo_x <= logo_x - 10'b0000000001;
174                            logo_y <= logo_y - 10'b0000000001;
175                        end
176                    default :
```

```
177                    begin
178                        logo_x <= logo_x + 10'b0000000001;
179                        logo_y <= logo_y + 10'b0000000001;
180                    end
181                endcase
182            end
183        end
184    end
185    endmodule
```

2. VGA 时序控制

通常 VGA 显示器扫描包括行扫描和场扫描两个部分，其中行扫描分为逐行扫描和隔行扫描两种方式。

逐行扫描是扫描时从屏幕左上角一点开始，从左向右逐点扫描，隔行扫描是指扫描时每隔一行扫一线，完成一屏后再返回来扫描剩下的线。每扫描完一行，都需要进行消隐。每行结束时，用行同步信号进行同步。完成一行扫描的时间称为水平扫描时间，其倒数称为行频率。每一个行扫描时序包括四个部分：行消隐期、行消隐后肩、行显示时段、行消隐前肩。

行时序如图 5-52(a)所示，一个完整的行扫描周期由 a、b、c、d 四部分组成，即：

a(行消隐期)：行扫描地址的复位；

b(行消隐后肩)：扫描地址转移后的稳定等待/准备期；

c(显示时段)：行地址扫描/显示期，此时数据有效；

d(行消隐前肩)：扫描地址转移的准备。

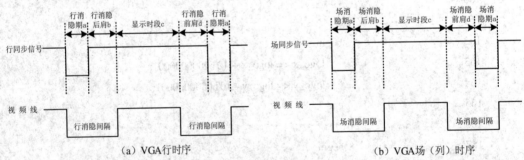

(a) VGA行时序　　　　　　　　　　　　　(b) VGA场（列）时序

图 5-52　VGA 时序

当扫描完所有的行，即形成一帧，需用场同步信号进行场同步，并使扫描点回到屏幕左上方，同时进行场消隐并开始下一帧。这个过程被称为场(列)扫描。一个场扫描周期由 n 个行扫描周期组成，并且一次场扫描时序自成体系，也有完整的场消隐期、场消隐后肩、场显示时段、场消隐前肩。完成一帧(整屏)扫描的时间称为垂直扫描时间，其倒数称为场频率，即刷新一屏的频率，常见的有 60 Hz、75 Hz 等。标准的 VGA 显示的场频为 60 Hz，行频为 31.5 kHz。

场时序如图 5-52(b)所示。场时序也有以下四个部分：

a (场消隐期)：场扫描地址的复位；

b (场消隐后肩)：扫描地址转移后的稳定等待/准备期；

c (显示时段)：场地址扫描/显示期，此时数据有效；

d (场消隐前肩)：扫描地址转移的准备。

本实验使用的是 640 × 480 扫描分辨率。VGA 时序生成部分的代码如下：

```
1    `timescale 1 ns / 1 ns
2    module vga_640x480(pclk, reset, hsync, vsync, valid, h_cnt, v_cnt);
3        input        pclk;
4        input        reset;
5        output       hsync;
6        output       vsync;
7        output       valid;
8        output [9:0] h_cnt;
9        output [9:0] v_cnt;
10       parameter    h_frontporch = 96;
11       parameter    h_active = 144;
12       parameter    h_backporch = 784;
13       parameter    h_total = 800;
14       parameter    v_frontporch = 2;
15       parameter    v_active = 35;
16       parameter    v_backporch = 515;
17       parameter    v_total = 525;
18       reg [9:0]    x_cnt;
19       reg [9:0]    y_cnt;
20       wire         h_valid;
21       wire         v_valid;
22       always @(posedge reset or posedge pclk)
23           if (reset == 1'b1)
24               x_cnt <= 1;
25           else
26           begin
27               if (x_cnt == h_total)
28                   x_cnt <= 1;
29               else
30                   x_cnt <= x_cnt + 1;
31           end
32       always @(posedge pclk)
33           if (reset == 1'b1)
```

```
34              y_cnt <= 1;
35          else
36          begin
37              if (y_cnt == v_total & x_cnt == h_total)
38                  y_cnt <= 1;
39              else if (x_cnt == h_total)
40                  y_cnt <= y_cnt + 1;
41          end
42      assign hsync = ((x_cnt > h_frontporch)) ? 1'b1 : 1'b0;
43      assign vsync = ((y_cnt > v_frontporch)) ? 1'b1 : 1'b0;
44      assign h_valid = ((x_cnt > h_active) & (x_cnt <= h_backporch)) ? 1'b1 : 1'b0;
45      assign v_valid = ((y_cnt > v_active) & (y_cnt <= v_backporch)) ? 1'b1 : 1'b0;
46      assign valid = ((h_valid == 1'b1) & (v_valid == 1'b1)) ? 1'b1 : 1'b0;
47      assign h_cnt = ((h_valid == 1'b1)) ? x_cnt - 144 : {10{1'b0}};
48      assign v_cnt = ((v_valid == 1'b1)) ? y_cnt - 35 : {10{1'b0}};
49  endmodule
```

5.7.3　实验流程

该实验分为以下几个步骤。

1. 图像准备

将准备输出 VGA 显示的图片进行处理，得到图像数据对应的.coe 文件。具体步骤如下：

(1) 通过 MATLAB 进行数据转换。首先准备需要显示的图片，将其与 MATLAB 转换代码放在同一路径；

(2) 打开 MATLAB 软件，在 Current Folder 栏下的空白处右键点击 New File ，然后选择 Script 来创建一个新的 M 文件。这里给出一段转换代码的实例。

```
1   function img2 = IMG2coe8(imgfile, outfile)
2   img = imread('pic_200x200.jpg');
3   height = size(img, 1);
4   width = size(img, 2);
5   s = fopen('pic_200x200.coe', 'wb');
6   fprintf(s, '%s\n', ';VGA Memory Map');
7   fprintf(s, '%s\n', ';.COE file with hex coefficients');
8   fprintf(s, ';Height: %d,Width: %d\n\n', height, width);
9   fprintf(s, '%s\n', 'memory_initialization_radix = 16;');
10  fprintf(s, '%s\n', 'memory_initialization_vector = ');
11  cnt = 0;
12  img2 =img;
13  for r=1 :height
```

```
14          for c=1:width
15              cnt = cnt+1;
16              R = img(r, c, 1);
17              G = img(r, c, 2);
18              B = img(r, c, 3);
19              Rb = dec2bin(double(R), 8);
20              Gb = dec2bin(double(G), 8);
21              Bb = dec2bin(double(B), 8);
22              img2(r, c, 1) = bin2dec([Rb(1:4) '00000']);
23              img2(r, c, 2) = bin2dec([Gb(1:4) '00000']);
24              img2(r, c, 3) = bin2dec([Bb(1:4) '00000']);
25              Outbyte = [Rb(1:4) Gb(1:4) Bb(1:4)];
26              if (Outbyte(1:4) == '0000')
27                  fprintf(s, '0%X', bin2dec(Outbyte));
28              else
29                  fprintf(s, '%X', bin2dec(Outbyte));
30              end
31              if((c == width)&&(r == height))
32                  fprintf(s, '%c', ';');
33              else
34                  if(mod(cnt, 32) == 0)
35                      fprintf(s, '%c\n', ',');
36                  else
37                      fprintf(s, '%c', ',');
38                  end
39              end
40          end
41      end
42      fclose(s);
```

(3) 在 MATLAB 中运行这段代码，会得到对应图片的 .coe 文件，这个 .coe 文件将用于 FPGA 中 ROM IP 核的初始化，即通过该文件可以将图片数据存入 FPGA 内部。

2. 图像输出

将 ROM 中的 .coe 文件读出并输出至 VGA 显示器进行显示。具体步骤如下：

(1) 按照之前章节中的步骤创建 Vivado 工程，并将设计顶层、VGA 时序等模块添加进工程中，如图 5-53 所示。

(2) 添加 IP 核。从图 5-53 中可以看出，工程中使用了时钟与 RAM 两个 IP 核。这里需要将所用 IP 核按照需求进行配置并添加进工程中。

(3) 先添加时钟管理 IP 核。实验板上的系统时钟是 100 MHz，而设计中需要 25 MHz

用于 VGA 视频输出。故在 Vivado 中的 IP Catalog 中双击 IP 目录中的 Clocking Wizard IP，随后对其进行相应的设置：将 Clocking Wizard 的 Component Name 改为 dcm_25m(设计中的例化名)，clk_out1 的输出频率更改为 25 MHz，取消 locked 选项，如图 5-54 所示。最后点击 OK 按钮并选择 Generate 生成所需 IP。

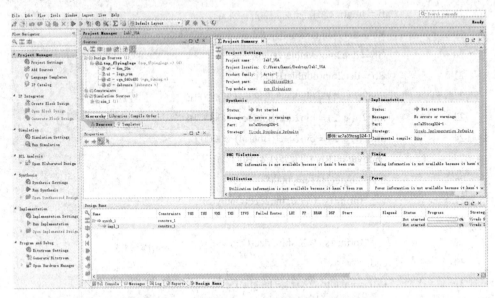

图 5-53　工程界面

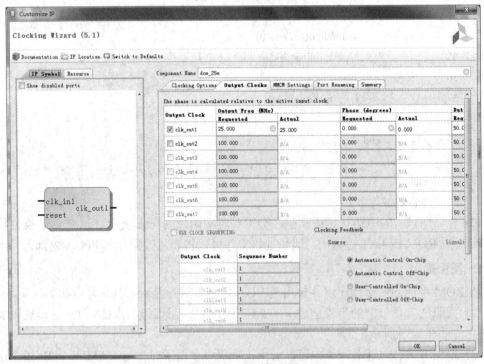

图 5-54　clk 设置界面

(4) 与上一步类似，在 IP Catalog 目录下找到 Block Memory Generator 核并双击进行配置。在弹出的 Basic 界面中将 Component Name 改为 logo_rom，Memory Type 选择为 Single

Port RAM，如图 5-55 所示。

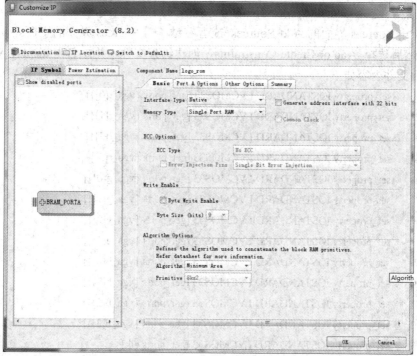

图 5-55 Basic 界面

(5) 在 Port A Options 界面下，将 Write Width 设置为 12(即板卡的 VGA 接口为 RGB444 为 12 bit，因此可以将图片生成对应 12 bit 的 .coe 文件)，Write Depth 设置为 40 000(图片像素尺寸为 200×200)，Enable Port Type 设置为 Always Enable，如图 5-56 所示。

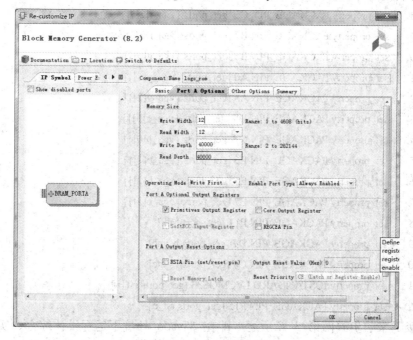

图 5-56 Part A Options 界面

（6）在 Other Options 界面下勾选 Load Init File，然后加载前面生成的.coe 文件，并点击 OK 按钮，然后选择 Generate 生成对应的 IP 文件。

（7）点击 Sources 界面的 Add Sources 或者右键点击 Sources 界面的空白处并选择 Add Sources，然后选择 Add or Create Constraints，创建约束文件，并命名为 display_vga。本实验的 XDC 文件内容如下：

```
1    set_property IOSTANDARD LVCMOS33 [get_ports {vga_r[0]}]
2    set_property IOSTANDARD LVCMOS33 [get_ports {vga_r[1]}]
3    set_property IOSTANDARD LVCMOS33 [get_ports {vga_r[2]}]
4    set_property IOSTANDARD LVCMOS33 [get_ports {vga_r[3]}]
5    set_property IOSTANDARD LVCMOS33 [get_ports {vga_g[0]}]
6    set_property IOSTANDARD LVCMOS33 [get_ports {vga_g[1]}]
7    set_property IOSTANDARD LVCMOS33 [get_ports {vga_g[2]}]
8    set_property IOSTANDARD LVCMOS33 [get_ports {vga_g[3]}]
9    set_property IOSTANDARD LVCMOS33 [get_ports {vga_b[0]}]
10   set_property IOSTANDARD LVCMOS33 [get_ports {vga_b[1]}]
11   set_property IOSTANDARD LVCMOS33 [get_ports {vga_b[2]}]
12   set_property IOSTANDARD LVCMOS33 [get_ports {vga_b[3]}]
13   set_property IOSTANDARD LVCMOS33 [get_ports clk]
14   set_property IOSTANDARD LVCMOS33 [get_ports hsync]
15   set_property IOSTANDARD LVCMOS33 [get_ports vsync]
16   set_property PACKAGE_PIN F5 [get_ports {vga_r[0]}]
17   set_property PACKAGE_PIN C6 [get_ports {vga_r[1]}]
18   set_property PACKAGE_PIN C5 [get_ports {vga_r[2]}]
19   set_property PACKAGE_PIN B7 [get_ports {vga_r[3]}]
20   set_property PACKAGE_PIN B6 [get_ports {vga_g[0]}]
21   set_property PACKAGE_PIN A6 [get_ports {vga_g[1]}]
22   set_property PACKAGE_PIN A5 [get_ports {vga_g[2]}]
23   set_property PACKAGE_PIN D8 [get_ports {vga_g[3]}]
24   set_property PACKAGE_PIN C7 [get_ports {vga_b[0]}]
25   set_property PACKAGE_PIN E6 [get_ports {vga_b[1]}]
26   set_property PACKAGE_PIN E5 [get_ports {vga_b[2]}]
27   set_property PACKAGE_PIN E7 [get_ports {vga_b[3]}]
28   set_property PACKAGE_PIN P17 [get_ports clk]
29   set_property PACKAGE_PIN D7 [get_ports hsync]
30   set_property PACKAGE_PIN C4 [get_ports vsync]
31   set_property IOSTANDARD LVCMOS33 [get_ports rst_n]
32   set_property PACKAGE_PIN P15 [get_ports rst_n]
```

（8）接下来的步骤同第 3 章所述，即在 Vivado 环境下运行设计综合、实现并生成 Bitstream 文件。

(9) 硬件验证。将生成的配置文件下载到 FPGA 开发板中，观察结果如图 5-57 所示，即可以看到清晰的图像输出。

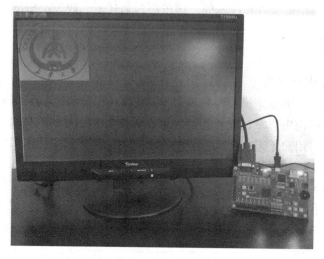

图 5-57　实验结果

5.8　蓝牙远程控制实验

本节将介绍通过蓝牙向 FPGA 板卡系统添加无线通信的功能，该功能可以实现远程无线操控 FPGA 板卡硬件。实验平台上搭载有蓝牙 4.0 的硬件模块，可以作为蓝牙 4.0 主设备或从设备。因此，既可以用蓝牙来作为板间通信的手段，也可以用蓝牙与其他支持蓝牙 4.0 的设备进行交互。

本实验使用支持蓝牙 4.0 的手机或平板电脑来与 FPGA 板卡上的蓝牙模块进行交互，并且通过手机端的 APP 程序来控制 FPGA 板卡上的硬件外设。

5.8.1　蓝牙技术概述

蓝牙无线技术是使用范围最广的全球短距离无线标准之一。蓝牙 4.0 是 2012 年最新的蓝牙版本，是 3.0 的升级版本，通常用于蓝牙耳机、蓝牙音箱等设备上。该版本相比蓝牙 3.0 版本具有诸多优点，如更加省电、成本较低、3 ms 低延迟、超长有效连接距离以及 AES-128 加密等。

蓝牙 4.0 版本将三种蓝牙技术(即传统蓝牙、高速蓝牙和低功耗蓝牙技术)合而为一。它集成了蓝牙技术在无线连接上的固有优势，同时增加了高速蓝牙和低功耗蓝牙的特点，这三种技术可以组合使用，也可以单独使用。低功耗蓝牙(BLE)是蓝牙 4.0 的核心规范。该技术的最大特点是使设备拥有超低的运行功耗和待机功耗。蓝牙低功耗设备使用一粒纽扣电池可以连续工作数年之久，可应用于对成本和功耗都有严格要求的无线方案中。

通常在蓝牙相关设计中，可以使用搭载蓝牙专用芯片的蓝牙模块实现蓝牙通信。例如在本实验平台上搭载的是美国 TI 公司 CC2541 芯片专为智能无线数据传输打造的蓝牙模块。该模块具有 256 KB 配置空间，遵循 V4.0BLE 蓝牙规范，支持串口 AT 指令，用户可根据需要更改串口波特率、设备名称、配对密码等参数，使用灵活。该模块还支持 UART 接口、SPP 蓝牙串口协议，具有成本低、体积小、功耗低、收发灵敏度高等优点。

5.8.2　实验原理

1. 实验基本原理与说明

本实验利用板卡上的蓝牙模块与外界支持蓝牙 4.0 标准的设备(如手机)进行交互，如图 5-58 所示。该蓝牙模块出厂默认配置为通过串口协议与 FPGA 进行传输，即对用户来说是串口"透明"传输，用户无需研究蓝牙的相关协议与标准，只需使用串口来处理将要发送与接收的数据即可。因此，从图 5-58 中可以看到，本实验使用了在 5.5 节中的串口控制器完成与蓝牙模块的数据传输。设计中，新建一个串口命令解析模块以实现串口命令的解析控制与命令执行。在接收到蓝牙传输来的串口数据后，将相应的数据以及命令响应通过蓝牙模块发回给另一端设备，在此过程中采用 FIFO IP 核存储需要发出的数据。

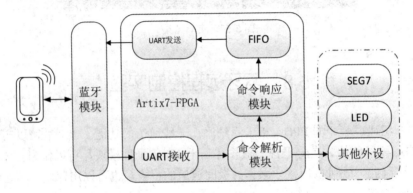

图 5-58　实验框图

这个设计中，在串口协议基础上自定义了若干控制命令，以便于在远端设备上可以通过蓝牙远程无线地对 FPGA 平台上的逻辑、外设以及接口进行控制。例如，自定义了如下命令：

命令 1：*Naaaa；

命令 2：*Waaaaaaaa。

其中，使用星号来作为标示命令的起始数据，N 以及 W 等大写字母为命令的名称。小写 a 是一个十六进制数，命令 N 后接四位十六进制数即 16 bit 数据，命令 W 后接八位十六进制数即 32 bit 数据。此外，可以灵活地在设计中自定义新的命令，并且可对设计中命令的功能以及后接数据的作用进行自定义设计。在实验中，定义命令 N 为点亮板卡 LED 的命令，其后接 16 bit 数据分别对应板卡上的 16 位 LED 灯；定义命令 W 为七段数码管控制命令，其后接 32 bit 数据分别对应板卡上 8 位七段数码管显示器的数值。此外，还可以在此基础上继续进行命令添加来扩充设计功能。

2. 蓝牙模块的使用

板卡上搭载的蓝牙模块是基于 TI 公司的 CC2541 芯片的蓝牙 4.0 模块，该部分的电路如图 5-59 所示。

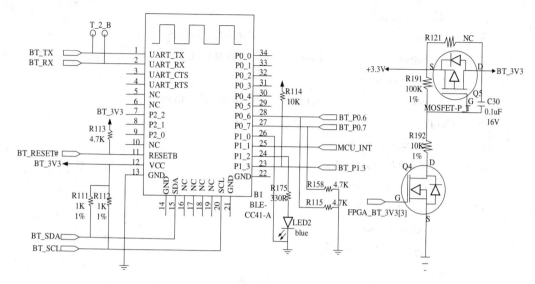

图 5-59 蓝牙模块电路图

其中，蓝牙模块的 **FPGA_BT_3V3** 信号为 FPGA 对蓝牙模块的电源控制信号，若使用蓝牙模块，则该信号必须要拉高，否则蓝牙模块无法工作。

蓝牙模块的 **BT_P0_7** 信号为软/硬件主从设置口，当其置低或悬空时为硬件设置主从模式，置 3.3 V 高电平时为软件设置主从模式。若蓝牙模块选择为通过硬件设置主从模式，可通过 **BT_P0_6** 信号进行硬件主从模式设置；如果选择软件设置主从模式，则可以通过串口 AT 命令进行模式的查询和设置。**BT_P0_6** 信号为硬件主从设置端口，它配置为 3.3 V 高电平时会将蓝牙模块设置为主模式，它接地或悬空时可将蓝牙模块设置为从模式。

在蓝牙模块的 24 脚上接有一个 LED 灯(LED2)，该 LED 用于指示当前蓝牙主从模式以及连接状态。当模块与其他蓝牙设备建立蓝牙连接后 LED2 会常亮，当模块配置在主模式下且在搜索状态时，LED2 呈现均匀闪烁即 300 ms 明与 300 ms 暗交替；当模块配置在从模式下且在搜索状态时，LED2 呈现均匀慢速闪烁即 800 ms 明与 800 ms 暗交替。

蓝牙模块的 **BT_P1_3** 信号为系统按键信号，在板卡上并未将该信号连接至按键，而是将其与 FPGA 引脚直连，通过 FPGA 逻辑来对其进行控制。**BT_P1_3** 信号可以控制蓝牙模块的休眠恢复以及主动断开与其他蓝牙设备的连接。

3. 主要模块的编码实现

接下来对设计中的主要功能模块进行编码实现，主要包括串口收发控制模块、串口命令解析模块、串口命令响应模块以及相关外设控制等模块。

1) 设计顶层

在设计的顶层模块中，例化了设计中需要使用到的串口收发模块、时钟与复位模块、串口命令解析、命令响应以及七段码控制器模块等。

设计顶层的对外端口部分代码如下：

```
1      module bt_uart (
2          input              clk_pin,           // Clock input (from pin)
```

```
3       input           rst_pin,            // Active HIGH reset (from pin)
4       // RS232 signals
5       input           rxd_pin,            // RS232 RXD pin
6       output          txd_pin,            // RS232 RXD pin
7       // Loopback selector
8       input           lb_sel_pin,         // Loopback selector
9       //BLE
10      output bt_pw_on,
11      output bt_master_slave,
12      output bt_sw_hw,
13      output bt_rst_n,
14      output bt_sw,
15      input   [5:0]   sw_pin,
16      //seg7
17      output          [6:0] seg7_0_7bit,
18      output          [6:0] seg7_1_7bit,
19      output          [3:0] seg7_0_an,
20      output          [3:0] seg7_1_an,
21      output          seg7_0_dp,
22      output          seg7_1_dp,
23      // LED outputs
24      output          [15:0] led_pins
25              );
```

可以看到，系统信号时钟与复位、串口收发信号分别会接入设计中对应的时钟、复位模块以及串口收发模块中。lb_sel_pin 信号是串口回环选择信号，可以通过该信号控制串口接收数据是否直接通过串口发送端口进行回环。

针对蓝牙模块的一系列信号，可以通过板卡中的拨码开关直接控制，这部分代码如下：

```
1       assign bt_master_slave      = sw_pin[0];
2       assign bt_sw_hw             = sw_pin[1];
3       assign bt_rst_n             = sw_pin[2];
4       assign bt_sw                = sw_pin[3];
5       assign bt_pw_on             = sw_pin[4];
```

因此，在系统运行后，将 SW0、SW1 设置为低，SW2、SW3、SW4 设置为高，通过拨动 SW2 来进行复位。在 SW0 为低情况下，复位后蓝牙处于从模式，蓝牙状态指示灯 LED2 闪烁较慢；将 SW0 设为高的情况下，复位后蓝牙处于主模式，LED2 闪烁较快。

此外，在顶层模块的端口中还有针对 LED 与七段码显示器的接口驱动信号。通过在顶层模块中实例化的七段码控制器模块来完成相关接口驱动信号的生成，并将其引出至设计顶层。

2) 串口收发模块

在实验中，通过串口接收模块来与蓝牙模块的串口发送接口对接，并接收其发送至 FPGA 的串口数据；通过串口发送模块来与蓝牙模块的串口接收接口对接，并将数据发送至蓝牙模块。串口收发模块的设计在 5.5 节已有详细介绍，此处不再赘述。

3) 串口命令解析模块

在设计中，自定义了若干串口命令格式，并且需要后续能够按照类似命令格式进行命令扩充。因此需要通过一个简单的命令解析模块来实现对串口数据中命令以及相关数据的解析。命令解析模块的顶层接口代码如下：

```
1    module cmd_parse(
2        input                 clk_rx,
3        input                 rst_clk_rx,
4        input         [7:0]   rx_data,
5        input                 rx_data_rdy,
6    // From Character FIFO
7        input                 char_fifo_full,
8    // To/From Response generator
9        output reg            send_char_val,
10       output reg [7:0]      send_char,
11       output reg            send_resp_val,
12       output reg [1:0]      send_resp_type,
13       output reg [15:0]     send_resp_data,
14       input                 send_resp_done,
15   // to system
16       output reg [15:0]     bt_data16,
17       output reg [31:0]     bt_data32
18       );
```

其中，8bit 的 rx_data 数据是串口接收模块接收到的串口数据，命令解析模块在 rx_data_rdy 信号有效时接收并缓存串口数据，还对其数据内容进行监测。通过监测星号命令标示符以及对应命令名称来识别相关命令和命令所包含的数据，并根据命令执行对应的操作。命令解析模块还通过一系列信号与命令响应模块进行交互，针对相应命令生成相应的响应，并通知命令响应模块对应的响应类型以及数据。此外，命令解析模块会输出一些传送至系统层面的信号，如 bt_data16 与 bt_data32 分别是对应命令 N 与命令 W 由蓝牙所传送至 FPGA 内部的数据，通过命令解析模块将其传送至系统顶层或其他模块中以便实现对应功能，例如此处使用 bt_data16 的 16 bit 数据驱动 16 个 LED 灯，而 bt_data32 的 32 bit 数据则传送至七段码显示译码模块通过七段码显示出来。

在命令解析模块中，最关键的部分是命令的识别以及相关数据的获取，核心代码如下：

```
1    always @(posedge clk_rx)
2    begin
```

```
3        if (rst_clk_rx)
4        begin
5            State              <= IDLE;
6            cur_cmd            <= 7'h00;
7            arg_sav            <= 28'b0;
8            arg_cnt            <= 3'b0;
9            send_resp_val      <= 1'b0;
10           send_resp_type  <= RESP_ERR;
11           send_resp_data  <= 16'h0000;
12           bt_data16          <= 16'h0000;
13           bt_data32          <= 32'h00000000;
14       end
15       else
16       begin
17           case (state)
18           IDLE: begin                          // Wait for the '*'
19               if (new_char && (rx_data[6:0] == 7'h2A))
20                   begin
21                   state <= CMD_WAIT;
22                   end                          // if found *
23           end                          //state IDLE
24           CMD_WAIT: begin // Validate the incoming command
25               if (new_char)
26               begin
27               cur_cmd <= rx_data[7:0];
28               case (rx_data[6:0])
29                   CMD_W: begin
30                   // Get 8 characters of arguments
31                   state      <= GET_ARG;
32                   arg_cnt <= 3'd7;
33                   end                    // W
34                   CMD_N: begin
35                   // Get 4 characters of arguments
36                   state      <= GET_ARG;
37                   arg_cnt <= 3'd3;
38                   end                    //N
39                   default: begin
40                   send_resp_val   <= 1'b1;
41                   send_resp_type <= RESP_ERR;
```

```verilog
42                  state            <= SEND_RESP;
43                  end                      // default
44              endcase                      // current character case
45          end // if new character has arrived
46      end // state CMD_WAIT
47      GET_ARG: begin
48          if (new_char)
49          begin
50          if (!char_is_digit)
51          begin
52              // Send an error response
53              send_resp_val    <= 1'b1;
54              send_resp_type   <= RESP_ERR;
55              state            <= SEND_RESP;
56          end
57          else                     // character IS a digit
58          begin
59              if (arg_cnt != 3'b000)   // This is NOT the last char of arg
60              begin
61              // append the current digit to the saved ones
62              arg_sav <= arg_val;
63              // Wait for the next character
64              arg_cnt <= arg_cnt - 1'b1;
65              end                      // Not last char of arg
66              else
67          // This IS the last character of the argument process
68              begin
69              case (cur_cmd)
70                  CMD_W: begin
71                      bt_data32 <= arg_val[31:0];
72                      // Send OK
73                      send_resp_val    <= 1'b1;
74                      send_resp_type   <= RESP_OK;
75                      state            <= SEND_RESP;
76                  end                      // CMD_W
77                  CMD_N: begin
78                      bt_data16        <= arg_val[15:0];
79                      // Send OK
80                      send_resp_val    <= 1'b1;
```

```
81                              send_resp_type  <= RESP_OK;
82                       state              <= SEND_RESP;
83               End                        // CMD_N
84            endcase
85          end                             // received last char of arg
86       end                                // if the char is a valid HEX digit
87       end                                // if new_char
88    end                                   // state GET_ARG
89    SEND_RESP: begin
90       if (send_resp_done)
91       begin
92       send_resp_val <= 1'b0;
93       state            <= IDLE;
94       end
95    end                                   // state SEND_RESP
96    default: begin
97       state <= IDLE;
98    end                                   // state default
99    endcase
100  end                                    // if !rst
101 end                                     // always
```

这段逻辑中，定义了 IDLE、CMD_WAIT、GET_ARG、SEND_RESP 四种状态。在 IDLE 下，程序会对串口接收到的数据进行监测，直到检测到星号(即十六进制"2A"数据)时，状态会跳转至 CMD_WAIT；在 CMD_WAIT 下，程序继续监测接下来串口收到的数据，根据该数据去执行不同的命令。例如这里定义的命令 N 与命令 W，均为带有后接数据的命令。接着状态跳转至 GET_ARG 去获取命令后接的参数，其中命令 N 后接 16 bit 数据，命令 W 后接 32 bit 数据。在获取到后接数据后，将其通过对应的寄存器变量 bt_data16 与 bt_data32 输出至顶层。

4) 命令响应模块

命令响应模块与命令解析模块以及数据 FIFO 对接，该模块将需要发送给蓝牙模块的数据推送至 FIFO，然后通过串口发送模块送出 FPGA。在这里，命令响应模块会将两类数据推送至 FIFO：一类是串口回环数据；另一类是命令执行响应。设计中定义了三种不同类型的响应，即执行错误(返回 ERR)、执行成功(返回 OK)以及数据响应(返回数据)。命令响应模块的顶层端口部分代码如下：

```
1    module resp_gen (
2       input              clk_rx,
3       input              rst_clk_rx,
4       // From Character FIFO
5       input              char_fifo_full,
```

```
6              // To/From the Command Parser
7     input                send_char_val,
8     input        [7:0]   send_char,
9     input                send_resp_val,
10    input        [1:0]   send_resp_type,
11    input        [15:0]  send_resp_data,
12    output reg            send_resp_done,
13             // To character FIFO
14    output reg [7:0]   char_fifo_din,
15    output             char_fifo_wr_en
16             );
```

其中，clk_rx 与 rst_clk_rx 信号分别是模块的时钟与复位信号。char_fifo_* 相关信号为模块与 FIFO 模块的接口信号。send_* 相关信号为模块与命令解析模块的交互信号。

模块中实现串口数据回环与命令响应部分的核心代码如下：

```
1     always @(posedge clk_rx)
2       begin
3         if (rst_clk_rx)
4         begin
5           state              <= IDLE;
6           char_cnt           <= 0;
7           send_resp_done     <= 1'b0;
8         end
9         else if (state == IDLE)
10        begin
11          send_resp_done <= 1'b0;
12          if (send_resp_val && !send_resp_done)
13          begin
14            state              <= SENDING;
15            char_cnt       <= 0;
16          end
17        end
18        else             // Not in IDLE state
19        begin            // So are in sending state
20          if (!char_fifo_full)
21          begin
22            if (char_cnt == (str_to_send_len - 1'b1))
23            begin
24            // This will be the last one
25                state              <= IDLE;
```

```
26                    send_resp_done <= 1'b1;
27            end
28          else
29          begin
30              char_cnt <= char_cnt + 1'b1;
31          end
32        end                           // if !char_fifo_full
33      end                             // if STATE
34    end                               // always
35    assign char_fifo_wr_en =
36            ((state == IDLE) && send_char_val) ||
37            ((state == SENDING) && !char_fifo_full) ;
38    always @(*)
39    begin
40      if (state == IDLE)
41      begin
42        char_fifo_din = send_char;
43      end
44      else
45      begin
46        if (send_resp_type == RESP_OK)
47        begin
48          case (char_cnt)
49            0 : char_fifo_din = "-";       // Dash
50            1 : char_fifo_din = "O";
51            2 : char_fifo_din = "K";
52            3 : char_fifo_din = 8'h0d;    // Newline
53            4 : char_fifo_din = 8'h0a;    // LineFeed
54          endcase
55        end
56        else if (send_resp_type == RESP_ERR)
57        begin
58          case (char_cnt)
59            0 : char_fifo_din = "-";       // Dash
60            1 : char_fifo_din = "E";
61            2 : char_fifo_din = "R";
62            3 : char_fifo_din = "R";
63            4 : char_fifo_din = 8'h0d;    // Newline
64            5 : char_fifo_din = 8'h0a;    // LineFeed
```

```
65          endcase
66        end
67        else // It is RESP_DATA
68        begin
69          case(char_cnt)
70            0 : char_fifo_din = "-";        // Dash
71            1 : char_fifo_din = to_digit(send_resp_data[15:12]);
72            2 : char_fifo_din = to_digit(send_resp_data[11:8 ]);
73            3 : char_fifo_din = to_digit(send_resp_data[ 7:4 ]);
74            4 : char_fifo_din = to_digit(send_resp_data[ 3:0 ]);
75            5 : char_fifo_din = " ";        // Space
76            6 : char_fifo_din = to_digit({1'b0,bcd_out[18:16]});
77            7 : char_fifo_din = to_digit(bcd_out[15:12]);
78            8 : char_fifo_din = to_digit(bcd_out[11:8 ]);
79            9 : char_fifo_din = to_digit(bcd_out[ 7:4 ]);
80            10: char_fifo_din = to_digit(bcd_out[ 3:0 ]);
81            11: char_fifo_din = 8'h0d;   // Newline
82            12: char_fifo_din = 8'h0a;   // LineFeed
83          endcase
84        end                              // if RESP_DATA
85      end                                // if send_char
86    end                                  // always
```

这段代码中定义了两个状态：IDLE 与 SENDING。在 IDLE 状态下且 FIFO 没有填满时，串口数据会被推送至 FIFO 并回环至串口发送模块；若模块收到一个命令响应请求时会跳转至 SENDING 状态下，此时会根据收到的响应类型将对应的数据推送至 FIFO。

5) 外设控制模块

通过串口收发、命令解析与响应模块，可以在手机 APP 或其他终端上通过蓝牙的方式来完成与板卡的交互，例如通过手机 APP 来控制硬件。实验中自定义了控制 LED 灯以及七段数码管的串口命令，因此通过手机 APP 利用蓝牙发送相关命令就可以完成对实验平台上 LED 灯与七段数码管的控制。

在实验中，使用命令解析模块输出的 bt_data16 信号来直接驱动实验平台上的 16 位 LED 灯；使用 bt_data32 信号提供 32 bit 数据来驱动七段数码管译码电路模块。此外，可以通过类似添加自定义命令的方式将实验平台上其他外设与接口，例如 VGA、音频、SRAM 控制集成在设计中，通过编写对应的 APP 来完成一些创新小设计。

5.8.3 实验流程

1. 创建工程

该实验的工程创建与编译流程部分在书中其他实验中均有详细介绍，在此不再赘述。

工程创建完后并将所附源文件添加完成后，Sources 窗口如图 5-60 所示。

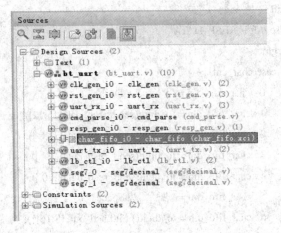

图 5-60　工程源码窗口

2. FIFO IP 核配置

在本实验的工程中，使用了 FIFO IP 作为串口发送数据缓存。该 FIFO IP 的配置方式如下。

在 IP Catalog 窗口下双击选择 FIFO Generator，得到如图 5-61 所示的 Customize IP 选项卡。在 Customize IP 选项卡界面选择 Native 接口形式的 FIFO；FIFO 实现形式选择为 Independent Clocks Block RAM，即读写侧时钟分别为独立时钟，且使用 FPGA 内部的 BRAM 资源来构建的 FIFO；通常使用 Artix-7 以及 ZYNQ 系列器件时，在系统时钟频率为 200 MHz 以下时，Synchronization stages 选项推荐选择为 "2"。

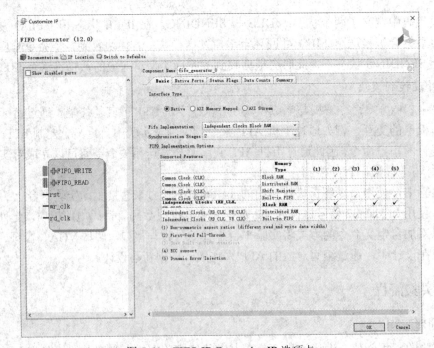

图 5-61　FIFO IP Customize IP 选项卡

　　如图 5-62 所示，在 Native Ports 中选择使用 First Word Fall Through FIFO 模式的 FIFO，即具有输出寄存功能的 FIFO 模块；FIFO 读写侧数据位宽均为 8 bit，读写侧数据深度均为 1024；不使用 ECC 功能；勾选 FIFO 复位引脚 Reset Pin 以及复位同步 Enable Reset Synchronization 选项；最后将复位情况下 FIFO 标志位以及 FIFO 数据输出默认值分别设置为"1"和"0"。

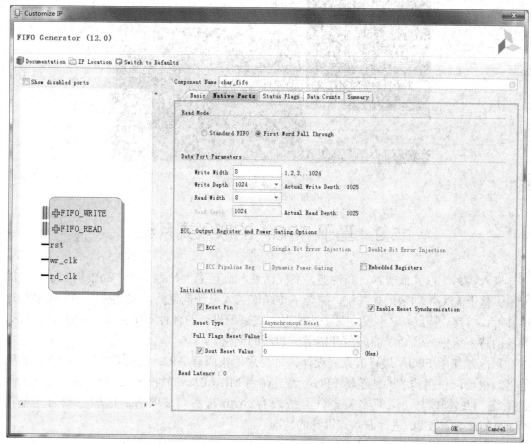

图 5-62　FIFO IP Native Ports 选项卡

　　接下来，在 FIFO 配置界面的状态标志位(Status Flags)选项卡以及数据计数(Data Counts)选项卡中不勾选任何功能，因为在设计中不会使用到相关功能。在 FIFO 配置完成后，将其加入设计中便可继续在 Vivado 中执行后续设计综合、实现等设计流程。

5.8.4　硬件验证

　　(1) 连接实验平台完成 FPGA 硬件配置。

　　(2) 在板卡配置完成后先将 SW0、SW1 设为低，SW2、SW3、 SW4 设为高。通过 SW2 将蓝牙模块进行复位(拉低再拉高)，此时蓝牙处于从模式，蓝牙状态指示灯 LED2 闪烁较慢。

　　(3) 在安卓环境下安装 BLE 蓝牙串口终端 APP，并打开 APP，连接实验平台上的蓝牙模块。

(4) 通过在 APP 中输入对应的命令来完成与实验平台的交互，如图 5-63 所示。

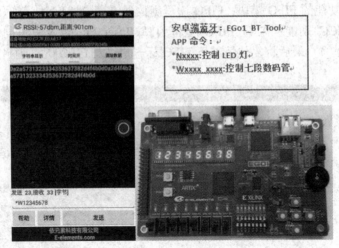

图 5-63　实验结果

5.9　基于 FPGA 的嵌入式系统

嵌入式系统以其低成本、高性能、高灵活性和高可靠性，在电子产品中得到了广泛的应用。基于 FPGA 的嵌入式系统，结合了传统嵌入式系统的优势，又继承了 FPGA 硬件处理并行、高效等特点。它不仅克服了传统嵌入式系统设计的种种不足和缺陷，而且其灵活、开放的特点给嵌入式系统的应用开拓了一片新的天空。

目前，使用 FPGA 进行嵌入式设计，可以采用集成有 ARM 硬核 CPU 的 ZYNQ 系列器件，也可以使用传统的纯逻辑 FPGA 通过调用 MicroBlaze 软核 CPU 的方式来搭建嵌入式系统。在本书中使用的实验平台上搭载有 Artix7 系列 FPGA，这里主要讨论使用 MicroBlaze 软核 CPU 进行嵌入式设计的情况。

5.9.1　基于 MicroBlaze 的嵌入式设计概述

嵌入式系统是一个面向应用、技术密集、资金密集、高度分散、不可垄断的产业。随着各个领域应用需求的多样化，嵌入式设计技术和芯片技术也经历着一次又一次的革新。虽然 ASIC 的成本低，但设计周期长、投入费用高、风险较大，而可编程逻辑器件设计灵活、功能强大，尤其是高密度现场可编程逻辑器件的设计性能已完全能够与 ASIC 媲美。因此，FPGA 在嵌入式系统设计领域占据着越来越重要的地位。基于 FPGA 的嵌入式设计技术实际上涵盖了嵌入式系统设计技术的全部内容，除了以处理器和实时多任务操作系统为中心的软件设计技术、以 PCB 和信号完整性分析为基础的高速电路设计技术外，还涉及目前已引起普遍关注的软硬件协同设计技术。

MicroBlaze 嵌入式软核是一个被 Xilinx 公司优化过的可以嵌入在 FPGA 中的 RISC 处理器软核，具有运行速度快、占用资源少、可配置性强等优点，广泛应用于通信、军事、高端消费市场等领域。

Xilinx 公司的 MicroBlaze 32 位软处理器核可运行在 150 MHz 时钟下，可提供 125 DMIPS 的性能，非常适合设计针对网络、电信、数据通信和消费市场的复杂嵌入式系统。MicroBlaze 软核 CPU 的框图如图 5-64 所示。

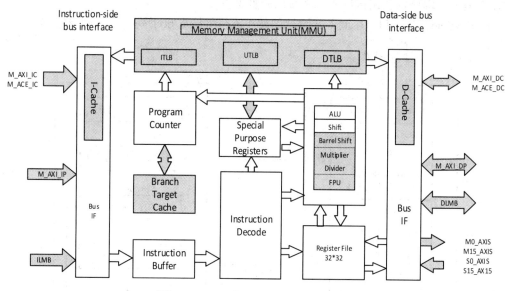

图 5-64　MicroBlaze 软核 CPU 的框图

围绕 MicroBlaze 软核 CPU，Xilinx 提供了丰富的 AXI 标准接口的外设、接口等模块可以直接与 MicroBlaze CPU 核进行系统集成。用户可以非常方便地在 Vivado IP 核集成器环境中调用所需要的 IP 核并快速地进行设计开发。基于 MicroBlaze 软核 CPU 搭建的一个实例系统框图如图 5-65 所示。

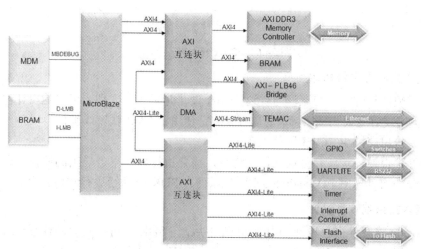

图 5-65　MicroBlaze 嵌入式系统实例

5.9.2　基于 Vivado 的嵌入式设计流程

嵌入式系统包括嵌入硬件系统部分以及运行在其硬件上的嵌入式软件。因此嵌入式系统的开发流程需要分为嵌入式硬件与软件开发两个部分。同样地,在 FPGA 中通过 FPGA 内部逻辑资源搭建了嵌入式硬件系统,而在其中的 CPU 核上需要编写嵌入式软件程序。那么,在 Vivado 中通常使用 Vivado IP 核集成器环境来搭建嵌入式系统硬件平台;使用 Vivado SDK 来编写、编译以及调试嵌入式系统的软件部分。

使用 Vivado 进行 FPGA 嵌入式设计的整个流程如图 5-66 所示。其中主要步骤如下。

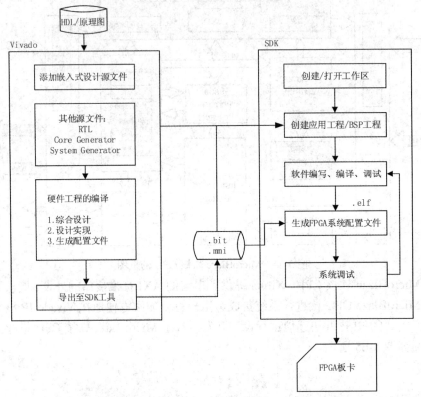

图 5-66　FPGA 嵌入式开发流程

1. 嵌入式硬件平台搭建

嵌入式硬件平台搭建的流程与普通 FPGA 设计并无太大区别,仍然是设计输入、设计综合、设计实现等主要步骤。特殊之处在于,它使用了 CPU 软核或硬核模块,并围绕 CPU 搭建外设、接口等模块来构建硬件平台。

在硬件平台设计实现并生成 Bit 文件后,需要执行硬件平台导出的操作,即将所搭建的硬件平台的信息导出至 Vivado SDK 中,以便在 SDK 中继续进行软件开发。

2. 嵌入式系统软件设计

在 Vivado 将硬件平台设计导出至 SDK 中后,在 SDK 中可针对该硬件平台进行创建对应的软件应用工程以及 BSP 板级支持包工程。SDK 工具会根据具体的硬件平台信息将对应硬件模块的软件驱动提取至 BSP 工程中,用户可方便地使用 BSP 中所提供的驱动函数来进行软件开发。SDK 中可以进行软件的编写、调试以及 FPGA 平台的硬件配置。

接下来,将通过一个简单的实验来详细介绍使用 Vivado 进行 FPGA 嵌入式设计的详细流程。

5.9.3 基于 Vivado 的嵌入式硬件设计

本节中将使用 Vivado IP 核集成器进行 MicroBlaze 嵌入式硬件部分的设计。在该部分中，将调用 MicroBlaze IP 核以及相关复位、调试和存储模块搭建一个 MicroBlaze 最小系统，并为这个最小系统添加一个串口模块 IP 核。具体步骤如下：

(1) 按照前述相同的方式创建一个新的工程。

(2) 点击左侧 Flow Navigator 栏中 IP Integrator 目录下的 Create Block Design，并在 Design Name 中输入设计名称 system，路径可保持默认，然后点击 OK 按钮。

(3) 进入 Block Design 设计界面后，右键单击并选择 Add IP，或者点击界面左侧的 ⬚ 图标打开 IP 核目录。

(4) 在 Search 栏里输入 MicroBlaze，双击该 IP 核将其添加到设计中。此外，还需要搜索并添加 AXI Uartlite IP 核。

(5) 在 MicroBlaze IP 核图标上双击或者右键单击并选择 Customize Block 选项来打开 MicroBlaze IP 核配置界面进行 IP 核配置。如图 5-67 所示，在 Select Configuration 下拉菜单中可以选择不同的 MicroBlaze IP 核预配置信息；在 General Settings 区域可以选择或取消一些 MicroBlaze 的特殊功能；通过 Next 可以对更多的 MicroBlaze 特性进行配置。此处，在 Select Configuration 下拉菜单中选择 Currect Settings 选项并点击 OK 按钮完成配置。在 Currect Settings 配置下 MicroBlaze 会使能 MicroBlaze Debug Module Interface，在后续流程中会看到对应的 MicroBlaze Debug Module。

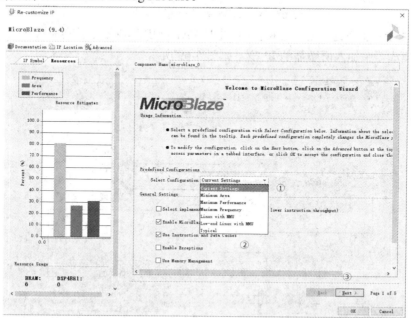

图 5-67 MicroBlaze 处理器配置界面

(6) 在之前的章节中提到 Vivado IP 核集成器具有辅助设计功能，可以通过点击 IP 核集成器界面顶部的 Run Block Automation 选项来打开针对此时设计的辅助设计向导界面，如图 5-68 所示。在这里，可以对 MicroBlaze 微处理器系统的以下特性进行指定：

• 用于 CPU 本地存储器的容量(Local Memory)：64 KB；

- 是否使能 ECC 功能(Local Memory ECC)：None；
- 是否使用 Cache 功能(Cache Configuration)：None；
- 调试模块的模式(Debug Module)：Debug Only；
- 是否使能用于外设连接的 AXI 端口(Peripheral AXI Port)：Enable；
- 是否使能中断控制器(Interrupt controller)：不选中；
- 处理器时钟配置(Clock Connection)：New Clocking Wizard(100 MHz)。

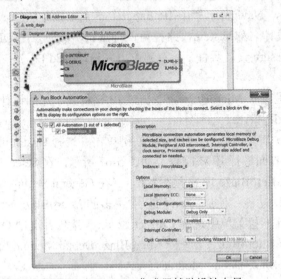

图 5-68　Vivado IP 集成器辅助设计向导

(7) 完成上述配置之后点击 OK 按钮，此时 Vivado IP 集成器工具会完成相关自动配置，并在 IP 核集成器中加入所必需的 IP 核，如图 5-69 所示。

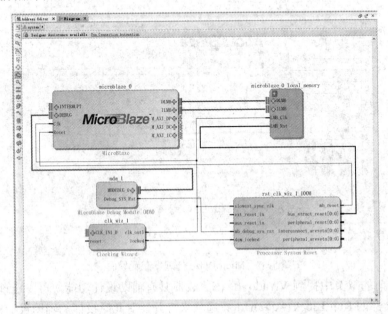

图 5-69　IP 核集成器界面

(8) 在上一步骤中通过 Vivado IP 核集成器的辅助设计功能自动地添加了时钟、复位、调试以及存储相关 IP 核，在这里需要对时钟 IP 核的配置进行修改。双击 IP 核集成器界面中的 Clocking Wizard IP 核进入 IP 核配置界面，将 Input Clock Information 下的 Source 改成 Single ended clock capable pin，即使用单端形式的输出时钟信号，如图 5-70 所示。在 Output Clocks 选项卡中，Enable Optional Inputs/Outputs 中的 reset 和 locked 无需使用，这里取消勾选并点击 OK 按钮，如图 5-71 所示。用相同的方法添加 uartlite 的 IP 核。

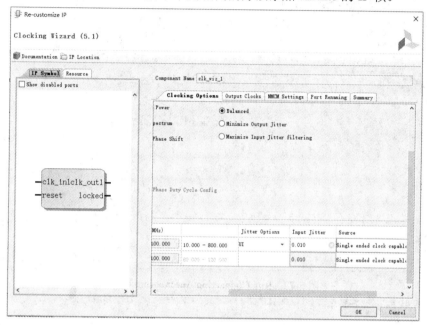

图 5-70　Clocking Wizard IP 核配置界面

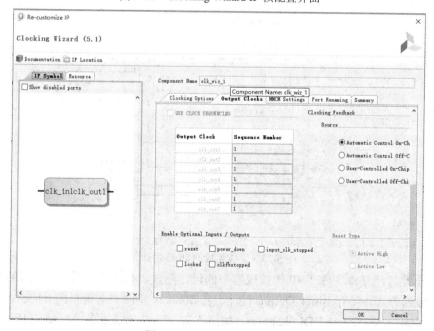

图 5-71　Output Clocks 界面

(9) 再次点击 Run Connection Automation，出现如图 5-72 所示界面，选择 All Automation

并点击 OK 按钮，这时工具将会完成串口 IP 核与 MicroBlaze 处理器的连接，并添加时钟和复位信号的外部端口，如图 5-73 所示。

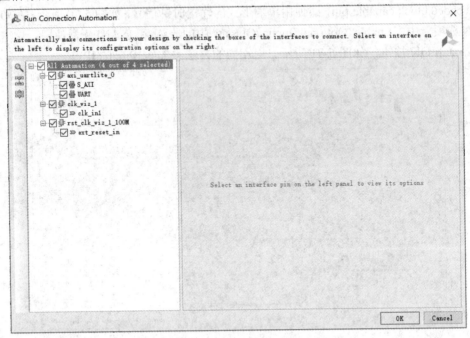

图 5-72　Run Connection Automation 界面

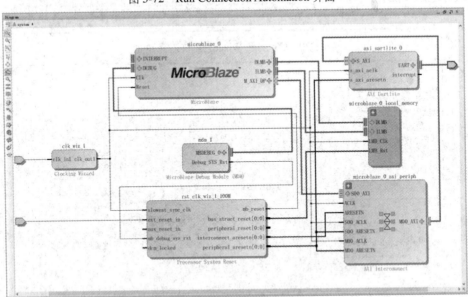

图 5-73　完成连接的 IP 核设计

(10) 至此，便基本完成了 IP 核集成器中的设计搭建。接下来，按照之前 IP 核集成器实验中类似的方式，保存 Block Design 设计。在 Sources 界面中右键单击 bd 文件，选择创建设计的 HDL 封装(Create HDL Wapper)，如图 5-74 所示。通常采用 Vivado 自动更新的方式对嵌入式设计的 IP 核集成器设计文件(bd 文件)的 HDL 顶层进行维护，即在弹出的对话框中选择第二项 Let Vivado manage wrapper and auto-update 并点击 OK 按钮。

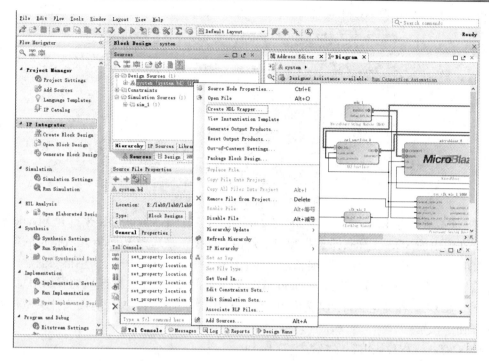

图 5-74　Block Design 界面

(11) 为设计添加必要的约束信息。点击 Sources 界面的 Add Sources 或者右键点击 Sources 界面的空白处并选择 Add Sources。然后选择 Add or Create constraints，创建 XDC 文件。在 XDC 文件中加入以下设计 IO 约束并保存：

1　　set_property PACKAGE_PIN P17 [get_ports clock_rtl]

2　　set_property PACKAGE_PIN P15 [get_ports reset_rtl]

3　　set_property PACKAGE_PIN N5 [get_ports uart_rtl_rxd]

4　　set_property PACKAGE_PIN T4 [get_ports uart_rtl_txd]

5　　set_property IOSTANDARD LVCMOS33 [get_ports reset_rtl]

6　　set_property IOSTANDARD LVCMOS33 [get_ports uart_rtl_rxd]

7　　set_property IOSTANDARD LVCMOS33 [get_ports uart_rtl_txd]

8　　set_property IOSTANDARD LVCMOS33 [get_ports clock_rtl]

(12) 按照 Vivado 设计流程，依次执行设计综合、设计实现以及生成配置文件的步骤。

5.9.4　基于 Vivado 的嵌入式软件设计

在硬件设计平台搭建完成后，将在其基础上使用 Vivado SDK 工具进行嵌入式软件部分的设计开发，这部分的具体流程如下：

(1) 在 Vivado 工具中，打开 File 菜单，选择 Export Hardware，弹出硬件导出向导窗口，如图 5-75 所示。在此窗口中选中 Include bitstream，然后点击 OK 按钮。在基于 FPGA 的嵌入式设计中，如果使用到 FPGA 逻辑，则一定要在软件开发前将 bit 配置文件一同导入至 SDK 中。若只采用 ZYNQ 的嵌入式设计且仅仅用到 ZYNQ 的 ARM 硬核而没有使用任何 FPGA 逻辑，则可以不选中该选项。

图 5-75　Export Hardware 界面

（2）完成硬件导出后，打开 Vivado 的 File 菜单，选择 Launch SDK 来打开 Vivado SDK 工具。在弹出的 SDK 工作目录选择窗口中点击 OK 按钮来选择 Vivado 工具指定的默认路径。SDK 工具在打开后，会自动加载之前导入的硬件平台并以此平台信息自动创建一个硬件平台工程，如图 5-76 所示。在 Vivado SDK 的主界面中，几个主要区域的具体信息如下：

　① C/C++ 工程浏览窗口：层次化地显示工程中的相关文件，并配有与文件类型相关的图标以便于识别；

　② C/C++ 工程代码编辑区域；

　③ 代码结构提纲显示区域，并对不同要素配有相应符号以便于识别；

　④ 交互区域，提供错误/警告信息以及控制台信息等；

　⑤ SDK 工具 log 记录窗口；

　⑥ 硬件/系统目标连接区域。

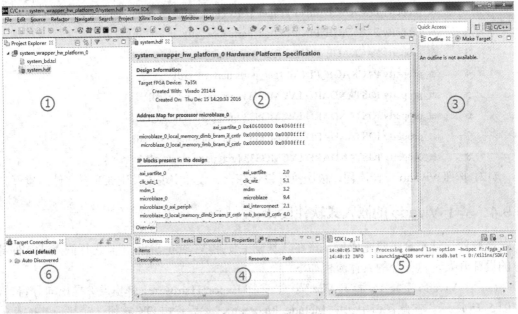

图 5-76　SDK 主界面

（3）创建应用程序以及 BSP 工程。在 SDK 环境下，通过 File→New→Application Project 打开应用工程创建向导，如图 5-77 所示。

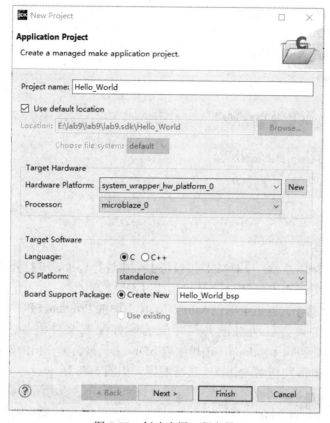

图 5-77　创建应用工程向导

在创建工程向导窗口中，可对应用工程以及 BSP 工程等信息进行配置，如：

· 工程名称(Project name)：Hello_World；

· 工程存储路径(Use default location)：勾选默认路径；

· 操作系统平台(OS Platform)：选择由 Xilinx 提供的轻量级操作系统 standalone；

· 硬件平台(Hardware Platform)：选择 SDK 导入并创建的硬件平台工程；

· 处理器(Processor)：microblaze 处理器；

· 语言(Language)：C 语言；

· 板级支持包(Board Support Package)：选择 Create New 为该应用工程新建一个对应的 BSP 工程。

(4) 配置完成后，点击 Next 按钮，选择 Hello_World 实例工程为模板创建软件应用工程。完成后，可以在工程浏览器窗口看到新建的 Hello_World 工程以及 Hello_World_bsp 工程。创建完成后 SDK 工具会自动进行应用工程以及 BSP 工程的编译。

(5) 打开 Hello_World.c 文件并进行修改，添加一个 while 循环。SDK 工具默认在有代码改动时自动地重新进行编译，因此编译结束后将得到最新的编译结果。以下为 hello world.c 文件内容。

```
1    #include<stdio.h>
2    #include "platform.h"
3    voidprint(char *str);
```

```
4      intmain()
5      {
6          init_platform();
7      while(1)
8          {
9          print("Hello World\n\r");
10         }
11         cleanup_platform();
12     return 0;
13     }
```

5.9.5　系统验证

(1) 将实验板卡的 JTAG 与 UART 接口与上位机进行连接，并打开开关。同时在上位机系统中观察硬件管理器中被 PC 识别到的串口 COM 号。

(2) 在 SDK 工具中，点击菜单栏 Xilinx Tools 下面的 Program FPGA，在窗口中可以看到 Vivado SDK 工具会自动将该工程对应的硬件配置文件添加进来。在 Software Configuration 栏目下点击 bootloop，选择生成 SDK 工具最新编译出的软件执行文件.elf 文件，然后点击 Program 按钮对硬件板卡进行配置，如图 5-78 所示。

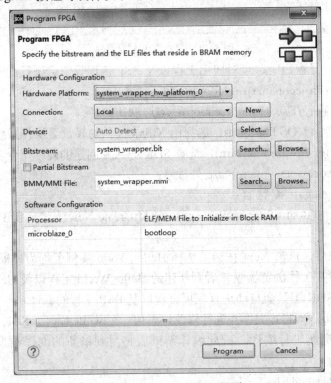

图 5-78　Program FPGA 界面

(3) 上位机需要通过虚拟串口终端与板卡串口进行连接，这里可以使用 SDK 工具提供的串口终端，也可以使用其他虚拟串口终端调试程序。在 SDK 界面下方的 SDK Terminal 中点击 ➕ 图标并选择连接的串口号，波特率设置为 9600，如图 5-79 所示。

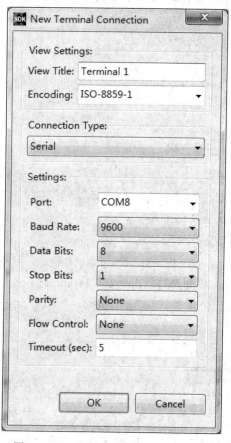

图 5-79　New Terminal Connection 界面

(4) 在完成连接和板卡配置之后，可以在 SDK Terminal 中看到不断打印出的 Hello World，这说明 MicroBlaze 软核 CPU 已经成功地在 FPGA 中运行起来了，如图 5-80 所示。

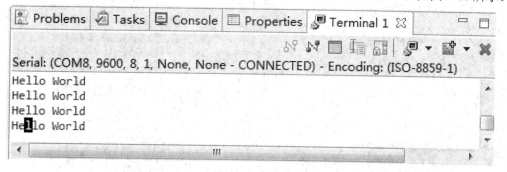

图 5-80　SDK 串口终端界面

(5) 当设计没有按照预期运行时，就需要进行 debug 调试。SDK 可以支持软件调试以及软硬件协同调试。这里，就软件调试的部分进行一些基本介绍。首先，在 Project Explore 栏中选中 Hello_World 并右键单击，然后在快捷菜单中选择 Debug As→Debug Configurations，如图 5-81 所示。

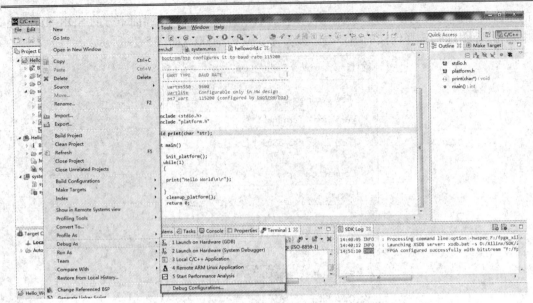

图 5-81　debug 调试界面

在 Debug Configurations 界面选择 Xilinx C/C++ application (System Debugger)，然后选择左上角的 图标，创建一个新的 Configurations，可以在此进行设计的调试配置，如图 5-82 所示。

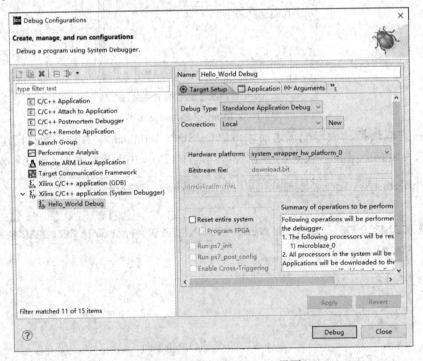

图 5-82　Debug Configurations 界面

点击 Debug 按钮关闭 Debug Configurations 界面，工具会切换至 Debug 视图，如图 5-83 所示。Debug 视图共分为如下 5 个主要区域：

① 调试区域，显示当前正在调试的代码是什么，在第多少行；

② 变量区域，显示变量的值以及相关信息；

③ 代码区，显示当前被调试的程序；

④ 代码结构提纲区域；

⑤ 控制台区域。

接下来，便可以使用 SDK 的单步运行等方式来进行软件 Debug 了。例如，可以点击 SDK 工具栏中的 图标来进行 step over 调试，即在单步执行的过程中遇到子函数时不会进入子函数内单步执行，而是将子函数作为整体执行完再停止。此外，还可点击 图标进行 step into 调试，即在单步执行的过程中遇到子函数则会进入函数内部并且继续单步执行。

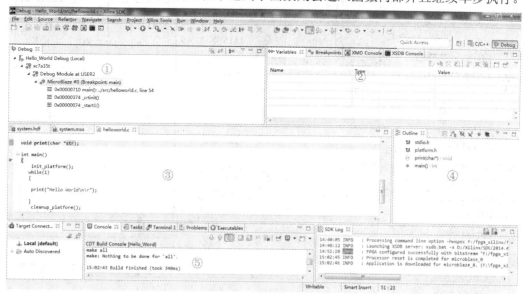

图 5-83　Debug 界面

5.10　基于 XADC 的简易示波器

Xilinx 的 7 系列 FPGA 器件创造性地在片上集成了 XADC 模/数转换器和相关的片上传感器，如温度传感器与电压传感器。相比前一代产品，这一新增特性可在系统中免去一些外置的 ADC 器件，进一步提高了系统的集成度。

本节实验将在上一节的嵌入式系统中引入 XADC IP 核模块来将外界的模拟量采集进系统中并将其通过串口输出显示。

5.10.1　XADC 模块概述

Xilinx 公司 FPGA 的 XDAC 功能是在其 7 系列产品中开始出现的一个新的器件特性。在 Artix-7、Kintex-7、Virtex-7 和 Zynq-7000 芯片中均内置有 XADC 硬核模块。XADC 模块包括两个 12 bit 1 MSPS 的模/数转换器和片上电压与温度传感器。XDAC 可为一系列应用提供通用的高精度 ADC 接口；可接收单端和差分不同类型的模拟输入信号；可支持最多 17 路外部的模拟输入信号；支持多种不同操作模式，如外部触发模式以及同步采样模式等。XADC 硬核模块的框图如图 5-84 所示。

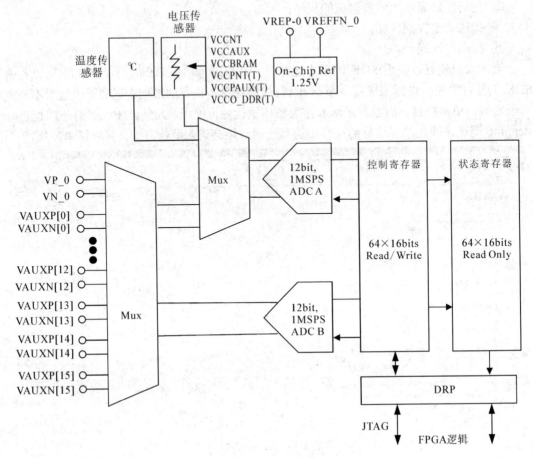

图 5-84　XADC 模块框图

　　XADC 还包括几个片上传感器,主要用于测量 FPGA 片上电源电压和芯片温度。XADC 转换数据存储在称为状态寄存器的专用寄存器中, 这些寄存器可以通过 FPGA 动态重配置端口(DRP)的 16 位同步读写端口进行访问。XADC 转换数据也可以在配置之前(预配置之前)或之后通过 JTAG TAP 访问。使用 JTAG TAP 访问 XADC 的方式,用户不需要在设计中实例化 XADC,因为它使用现有 FPGA JTAG 专用接口,即如果 XADC 不在设计中实例化,则设备以监视片上温度和电源电压的预定模式(称为默认模式)操作。XADC 操作是由用户通过使用 DRP 或 JTAG 接口写入控制寄存器来定义的。当使用块属性在设计中实例化 XADC 时, 也可以初始化这些寄存器内容。

　　XADC 的 17 路外部模拟输入中有 1 路为专用模拟输入对(VP/VN),其他外部模拟输入使用双用途辅助模拟输入 I/O,即当 XADC 在设计中实例化时这些 FPGA 数字 I/O 可被单独指定为模拟输入。XADC 模块可支持最多 16 个辅助模拟输入,在设计中可以通过将 XADC 模块上的模拟输入端口连接到设计的顶层来将对应的引脚配置为辅助模拟输入引脚。当这些引脚被配置为辅助模拟输入引脚来使用时, 这些 I/O 就不能被用作数字普通 I/O 了。

　　XADC 的所有模拟输入通道均支持差分信号输入,即需要两个 FPGA 引脚。通常,辅助模拟输入均匀分布在 FPGA Bank15 和 Bank35 上。支持模拟输入的 I/O 引脚在封装文件中的 I/O 名称后面有 ADxP 或 ADxN 后缀。例如，辅助模拟输入通道 8 具有以 AD8P 和 AD8N 结尾的引脚名称。在 Vivado 设计工具中，辅助模拟输入端口必须连接到设计的顶层且必须通过约束分配给相关的引脚位置。另外，需要注意的是并非所有器件均支持全部的 16 个辅助模拟输入 I/O，如 Kintex-7 器件不支持辅助通道 6，7，13，14 和 15。在其他某些 Virtex-7、Artix-7、Spartan-7 和 Zynq-7000 All Programmable SoC 器件中，也可能不支持某些辅助模拟通道。因此，在使用 XADC 前应该先通过相关封装文档来查看对应器件所支持的辅助模拟通道。

5.10.2　XADC 模块的使用

1. XADC 模块原语接口

根据前面章节的描述，如果仅仅是需要访问 FPGA 片上电压与温度信息以及进行一些系统监视，是没有必要在设计中实例化 XADC 的，也就是说可以直接在 Vivado 工具中通过 FPGA JTAG 测试访问端口(TAP)来实时地查看相关硬件信息。如果需要从 FPGA 逻辑访问状态寄存器(测量结果)，则必须在设计中实例化 XADC 模块。为了在设计中实例化 XADC 模块以便使用，需要了解其模块原语以及相关端口和属性。XADC 模块原语框图以及输入和输出端口如图 5-85 所示。

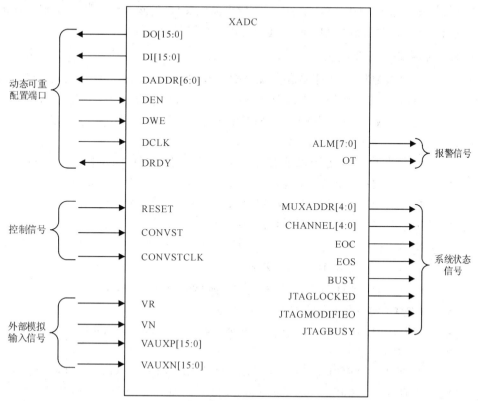

图 5-85　XADC 模块框图

XADC 模块的外部端口主要包括：DRP 动态可重配置端口，是 XADC 模块与 FPGA

逻辑交互的桥梁，用户可在 FPGA 逻辑中通过 DRP 接口访问到 XADC 内部相关寄存器从而得到实时 ADC 数据；控制信号，包含 XADC 模块的复位以及相关采样时钟信号；外部模拟输入信号，包含 1 路专用模拟输入信号以及 16 路辅助模拟输入信号；报警信号，XADC 所提供针对温度与电压异常的报警信号；系统状态信号，指示 XADC 模块运行过程中的一系列状态。其中具体信号的含义可通过 Xilinx 官方的 XADC 用户手册进行查询，这里不再赘述。

2. XADC 模块原语属性

在 XADC 框图中，可以看到 XADC 内部有定义 XADC 操作的控制寄存器。控制寄存器是一组 32 个 16 位寄存器。可以通过 DRP 接口或 JTAG 端口读取和写入这些寄存器，也可以在 FPGA 配置期间初始化这些寄存器的内容，从而使 XADC 模块能够在配置完成后以用户定义的模式立即开始工作。在 XADC 原语中，可以针对 XADC 所关联的 32 个属性进行初始化配置。这些 XADC 的属性名称为 INIT_xx，其中 xx 对应于控制寄存器的十六进制地址。其中，INIT_40、INIT_41 和 INIT_42 分别对应于地址为 40h、41h 和 42h 处的控制寄存器 0、控制寄存器 1 和控制寄存器 2；INIT_43 到 INIT_47 为测试寄存器，仅供厂家进行测试时使用；INIT_48 到 INIT_4F 为用于编程 XADC 通道序列器功能的序列寄存器；INIT_50 到 INIT_5F 为用于 XADC 警报功能的报警阈值寄存器。除此以外，XADC 原语还具有一个 SIM_MONITOR_FILE 属性，用于指定仿真时的模拟数据文件。在对 XADC 的设计进行仿真时，需要使用该属性来指向一个模拟激励文件(包含模拟信息(例如温度和电压)的文本文件)，即该属性是 XADC 模块进行仿真所必须指定的属性。

3. XADC 模块原语实例化

在设计中使用 XADC 模块需要进行 XADC 模块的实例化，实例化 XADC 涉及将所需的 I/O(包括模拟输入)连接到设计中以及初始化相关控制寄存器，以便预先对 XADC 工作模式进行相关配置。或者，用户也可以在 FPGA 配置完成后在逻辑中通过 DRP 接口访问控制寄存器来对 XADC 进行动态重配置。

下面给出一个使用 Verilog HDL 直接进行 XADC 原语实例化的简要示例。其中，首先通过原语属性来初始化相关控制寄存器，然后将所需的 XADC I/O 连接到设计中。这里假定该 XADC 的设计中使用的是 50 MHz 的时钟，XADC 模块用于监控系统温度和电压，并且在超出设置阈值时触发对应的报警信号。这段实例化示例代码如下。

```
1    XADC #(
2    // Initializing the XADC Control Registers
3    .INIT_40(16'h9000),          // Calibration coefficient averaging disabled
4    // averaging of 16 selected for external channels
5    .INIT_41(16'h2ef0),          // Continuous Sequencer Mode, Disable unused ALMs,
6    // Enable calibration
7    .INIT_42(16'h0400),          // Set DCLK divider to 4, ADC = 500Ksps, DCLK = 50 MHz
8    .INIT_48(16'h4701),          // Sequencer channel - enable Temp sensor, VCCINT, VCCAUX,
9    // VCCBRAM, and calibration
10   .INIT_49(16'h000f),          // Sequencer channel - enable aux analog channels 0 - 3
```

```
11      .INIT_4A(16'h4700),       // Averaging enabled for Temp sensor, VCCINT, VCCAUX,
12      // VCCBRAM
13      .INIT_4B(16'h0000),       // No averaging on external channels
14      .INIT_4C(16'h0000),       // Sequencer Bipolar selection
15      .INIT_4D(16'h0000),       // Sequencer Bipolar selection
16      .INIT_4E(16'h0000),       // Sequencer Acq time selection
17      .INIT_4F(16'h0000),       // Sequencer Acq time selection
18      .INIT_50(16'hb5ed),       // Temp upper alarm trigger 85°C
19      .INIT_51(16'h5999),       // Vccint upper alarm limit 1.05V
20      .INIT_52(16'hA147),       // Vccaux upper alarm limit 1.89V
21      .INIT_53(16'h0000),       // OT upper alarm limit 125°C using automatic shutdown
22      .INIT_54(16'ha93a),       // Temp lower alarm reset 60°C
23      .INIT_55(16'h5111),       // Vccint lower alarm limit 0.95V
24      .INIT_56(16'h91Eb),       // Vccaux lower alarm limit 1.71V
25      .INIT_57(16'hae4e),       // OT lower alarm reset 70°C
26      .INIT_58(16'h5999),       // VCCBRAM upper alarm limit 1.05V
27      .INIT_5C(16'h5111),       // VCCBRAM lower alarm limit 0.95V
28      .SIM_MONITOR_FILE("sensor_input.txt")
29      // Analog Stimulus file. Analog input values for simulation
30      )
31      XADC_INST (               // Connect up instance IO. See UG480 for port descriptions
32      .CONVST(GND_BIT),          // not used
33      .CONVSTCLK(GND_BIT),       // not used
34      .DADDR(DADDR_IN[6:0]),
35      .DCLK(DCLK_IN),
36      .DEN(DEN_IN),
37      .DI(DI_IN[15:0]),
38      .DWE(DWE_IN),
39      .RESET(RESET_IN),
40      .VAUXN(aux_channel_n[15:0]),
41      .VAUXP(aux_channel_p[15:0]),
42      .ALM(alm_int),
43      .BUSY(BUSY_OUT),
44      .CHANNEL(CHANNEL_OUT[4:0]),
45      .DO(DO_OUT[15:0]),
46      .DRDY(DRDY_OUT),
47      .EOC(EOC_OUT),
48      .EOS(EOS_OUT),
49      .JTAGBUSY(),               // not used
```

```
50      .JTAGLOCKED(),          // not used

51      .JTAGMODIFIED(),        // not used

52      .OT(OT_OUT),

53      .MUXADDR(),             // not used

54      .VP(VP_IN),

55      .VN(VN_IN)

56      );
```

4. XADC IP 核的使用

通常，除了直接进行 XADC 原语实例化的方式以外，还可以在设计中使用 Vivado IP 核的方式来将 XADC 的功能添加进设计中。

本实验在上节 FPGA MicroBlaze 嵌入式实验的基础上，以添加 XADC IP 核的方式将模数信号转换功能加入进来。XADC IP 可以通过在 HDL 中例化的方式进行使用，也可以通过在 Vivado IP 核集成器的界面中进行图形化调用。可以在 Vivado IP 库中搜索并打开 XADC Wizard IP 核模块进行配置。通过 IP 核调用方式添加 IP 核以及 XADC IP 核配置的方式如下：

(1) 在 XADC Wizard 的 Basic 选项卡中，可针对 XADC 的接口、通道配置、时序模式、控制与状态端口以及模拟仿真文件等参数进行配置，如图 5-86 所示。

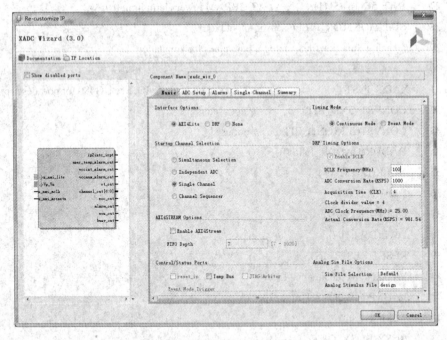

图 5-86　XADC IP 核设置界面(1)

这里列出常用的配置进行说明：

① 接口配置：XADC 支持 AXI 或 DRP 接口，可针对设计需求选择对应的接口来访问 XADC 中的寄存器。

② 通道模式配置：可以在此将 XADC 配置为以下通道模式：

• Simultaneous Selection：允许同时采集两个通道 ADC；

• Independent ADC：允许 XADC 在监控 FPGA 温度与电压的同时独立监控外部模拟输入信号；

• Single Channel：仅仅使用单个 ADC 通道；

• Channel Sequencer：允许用户指定任意通道进行顺序监控。

③ AXI-stream 接口：选择是否使用 AXI Stream 接口以及针对 FIFO 深度进行配置。

④ 时序模式：可以在此设置选择 XADC 时序模式。具体包括：

• Continuous Mode：在该模式下，XADC 连续地进行 AD 采样以及数据转换；

• Event Mode：该模式下，XADC 会在外部触发信号的驱动下进行对应通道的采样，该模式仅能应用于外部模拟输入上。

⑤ DRP 时序选项：在这里用户可以对 DRP 接口时钟以及 AD 采样速率进行配置，Vivado 工具会自动计算并显示出 ADC 时钟频率以及实际转换速率。

⑥ 模拟仿真选项：用户可针对仿真中需要的模拟数据文件进行相关设置。

⑦ 控制与状态端口：用户可选择 XADC 原语上对应的相关控制与状态端口。

(2) ADC Setup 选项卡如图 5-87 所示，其中主要选项的配置说明如下：

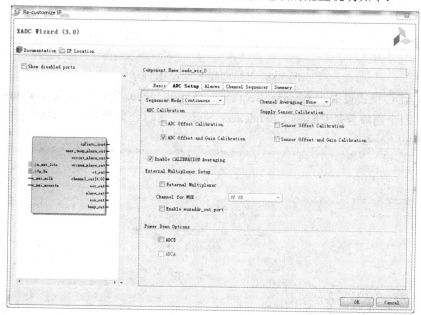

图 5-87　XADC IP 核设置界面(2)

① Sequencer Mode：如果在上一页中已将 XADC 配置为 Channel Sequencer、Simultaneous Selection 或 Independent ADC 模式，那么在此可以选择 Continuous、One-pass 或默认序列模式；

② 校准功能：可以通过勾选对应选项来使用 ADC 以及传感器校准功能；

③ External Multiplexer Setup：为了节省 FPGA 的 I/O 资源，XADC 也支持使用单个外部模拟输入 I/O 来进行多路模拟信号的复用采集；

④ Power Down Options：可在此设置关闭某个 ADC 的电源以节省功耗。

(3) Alarm Setup 选项卡如图 5-88 所示，在此可以针对所关注的温度以及电压信号进行阈值设置。

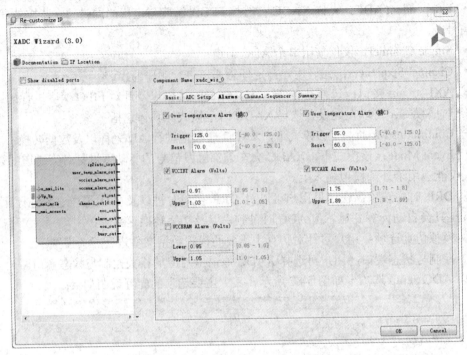

图 5-88　XADC IP 核设置界面(3)

(4) 当 ADC 模式设置为 Channel Sequencer、Simultaneous Selection 或 Independent ADC 模式时，第四个选项卡是 Channel Sequencer Setup，可以在此选项卡中对通道序列进行设置，如图 5-89 所示。

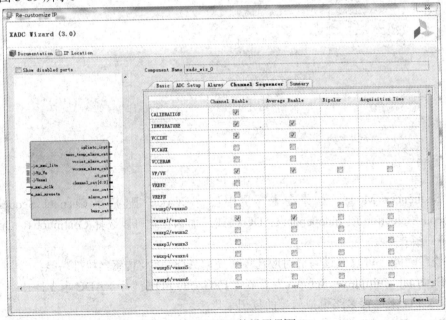

图 5-89　XADC IP 核设置界面(4)

(5) 当 XADC 设置为 Single Channel 模式时，第四个选项卡为 Single Channel 选项卡，如图 5-90 所示，可以在此选项卡中对 AD 通道进行配置。

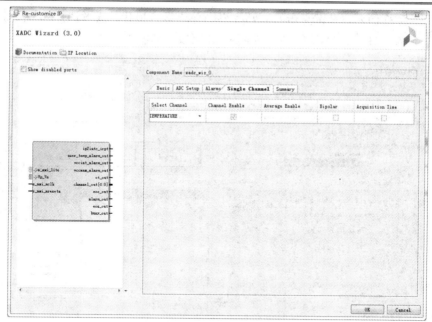

图 5-90　XADC IP 核设置界面(5)

5.10.3　使用 MicroBlaze 采集模拟数据

(1) 打开 Vivado 软件，选择 Open Project，打开上一节的实验工程。之后选择 File→Save Project As...将工程另存，并重新命名工程名称为 Lab10。

(2) 如图 5-91 所示，双击 system_wrapper 下的 system_i.bd 文件，打开 IP 核集成器，进入 Block Design 中。

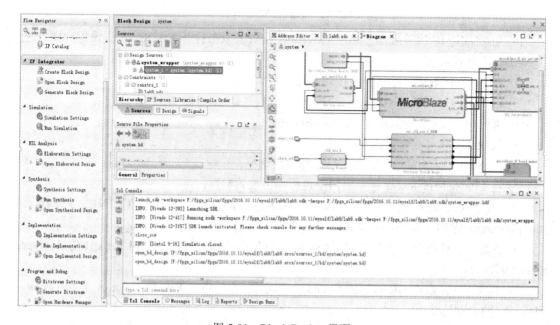

图 5-91　Block Design 界面

（3）如图 5-92 所示，右键点击 Diagram 界面并选择 Add IP，或者选择 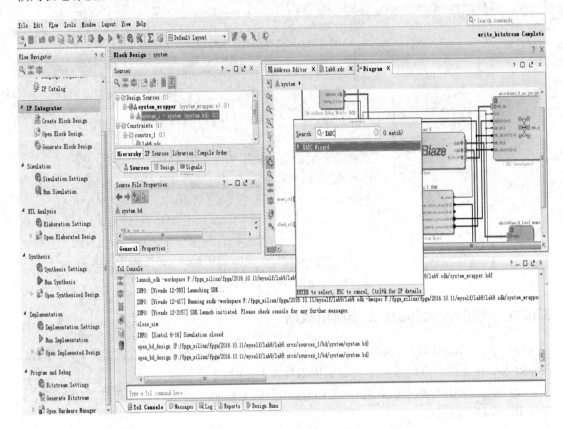 按键打开 IP 核列表进行搜索，并将 XADC IP 核添加到 IP 核集成器环境中。

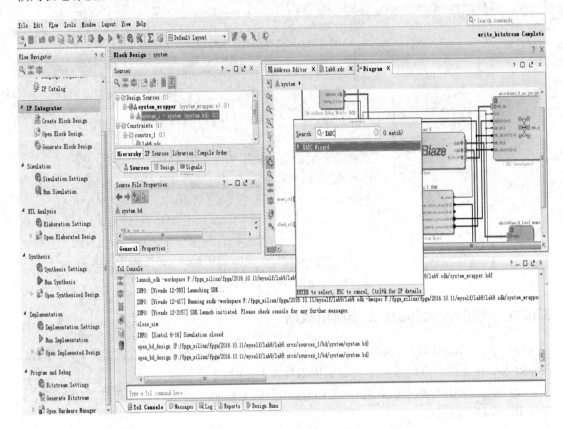

图 5-92　添加 XADC IP 核

（4）在添加进 IP 核集成器界面中的 XADC 模块上双击打开 XADC IP 核设置界面，进行 XADC IP 核的配置。IP 核配置如下：

① 在 Basic 标签窗口界面中进行如下设置：

• Interface Options: AXI4Lite;

• Startup Channel Selection: Channel Sequencer;

• 其他按默认参数设置。

② 在 Alarms 标签窗口中取消所有选择的复选框。

③ 在 Channel Sequencer 标签窗口中进行如下设置参数：

• 通过勾选复选框选中 CALLBRATTON、TEMPERATURE、VCCINT、VP/VN、vauxp1/vauxn1 的 Channel Sequencer 属性。

• 通过勾选复选框选中 TEMPERATURE、VCCINT、VP/VN、vauxp1/vauxn1 的 Average Enable 属性。

（5）配置完后，点击 OK 按钮回到 Diagram 界面，然后点击 Run Connection Automation，完成端口的自动连线。

（6）点击展开 Vp-Vn 和 Vaux1，逐个选中里面的 I/O 并右键单击，选择 Make External，将信号引出至设计顶层，如图 5-93 所示。再点击 Validate Design 进行设计检查。

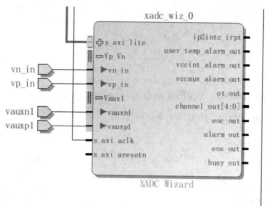

图 5-93　外接后的 system 界面

（7）将校验无误的 Block Design 保存，并右键单击 system_i，选择 Generate Output Products，生成后续流程所需要的文件。

（8）双击 Sources 界面的 Constrains 目录下的 XDC 文件，在其中添加如下新的约束并保存(这里使用板卡上的电位器来提供外接模拟输入源)：

```
1    set_property PACKAGE_PIN C12 [get_ports vauxp1]
2    set_property IOSTANDARD LVCMOS33 [get_ports vauxn1]
3    set_property IOSTANDARD LVCMOS33 [get_ports vauxp1]
```

（9）运行后续的设计综合、设计实现，生成设计的配置文件。

5.10.4　使用 MicroBlaze 搭建串口示波器

（1）与上一节的实验步骤类似，完成硬件设计后需要将设计导出至 SDK 中以便进行软件开发。即在 Vivado 打开 File 菜单，选择 Export Hardware，在将硬件导出后，选择 Launch SDK。

（2）创建应用程序以及 BSP 工程。在 SDK 环境下，通过 File→New→Application Project 打开应用工程创建向导。工程名称为 XADC，OS 选择 Standalone 操作系统，硬件平台选择 SDK 自动导入并创建的硬件平台工程，并选择创建一个新的 BSP 工程。点击下一步，选择 HelloWorld 模板来创建应用工程。

（3）完成后，SDK 开始自动编译应用工程以及 BSP 工程源码。接下来可以在工程浏览器窗口看到新建的 XADC 工程以及 XADC_bsp 工程。这里，需将如下 XADC 部分的软件控制代码添加进设计自动创建的 Hello_World.c 文件中：

```
1    #include <stdio.h>
2    #include "platform.h"
3    #include "xsysmon.h"
4    #define SYSMON_DEVICE_ID XPAR_XADC_WIZ_0_DEVICE_ID
5    #define XSysMon_RawToExtVoltage(AdcData) ((((float)(AdcData))*(1.0f))/65536.0f)
6    static XSysMon SysMonInst;
```

```
7    static int SysMonFractionToInt(float FloatNum);

8    void print(char *str);

9    int main()

10   {

11   u8 SeqMode;

12   u32 TempRawData, VccIntRawData, ExtVolRawData, i;

13   float TempData, VccIntData, ExtVolData;

14   int xStatus;

15   XSysMon_Config *SysMonConfigPtr;

16   XSysMon *SysMonInstPtr = &SysMonInst;

17   init_platform();

18   xil_printf("Hello World\n\r");

19   SysMonConfigPtr = XSysMon_LookupConfig(SYSMON_DEVICE_ID);

20   if(SysMonConfigPtr == NULL) xil_printf("LookupConfig FAILURE\n\r");

21   xStatus = XSysMon_CfgInitialize(SysMonInstPtr, SysMonConfigPtr, SysMonConfigPtr->BaseAddress);

22   if(XST_SUCCESS != xStatus) xil_printf("CfgInitialize FAILED\r\n");

23   XSysMon_GetStatus(SysMonInstPtr);

24   while(1)

25   {

26   while((XSysMon_GetStatus(SysMonInstPtr) & XSM_SR_EOS_MASK) != XSM_SR_EOS_MASK);

27   TempRawData = XSysMon_GetAdcData(SysMonInstPtr, XSM_CH_TEMP);

28   TempData = XSysMon_RawToTemperature(TempRawData);

29   VccIntRawData = XSysMon_GetAdcData(SysMonInstPtr, XSM_CH_VCCINT);

30   VccIntData = XSysMon_RawToVoltage(VccIntRawData)*10;

31   ExtVolRawData = XSysMon_GetAdcData(SysMonInstPtr, XSM_CH_AUX_MIN+1);

32   ExtVolData = XSysMon_RawToExtVoltage(ExtVolRawData)*100;

33   xil_printf("\r\n%0d.%03d, %0d.%03d, %0d.%03d", (int)(TempData), SysMonFractionToInt
         (TempData), (int) (VccIntData), SysMonFractionToInt (VccIntData), (int) (ExtVolData),
         SysMonFractionToInt  (ExtVolData));

34   }

35   return 0;

36   }

37   int SysMonFractionToInt(float FloatNum)

38   {

39   float Temp;

40   Temp = FloatNum;

41   if(FloatNum < 0){

42   Temp = -(FloatNum);

43   }
```

```
44      return(((int)((Temp -(float)((int)Temp))*(1000.0f))));
45      }
```

（4）保存并打开菜单栏，单击 Project→Build all，然后将板卡连接到 PC，并打开开关。点击菜单栏 Xilinx Tools→Program FPGA，点击 Hardware Platform，选择当前工程的硬件平台并将 bootloop 选择为上一步生成的.elf 文件，点击 Program 进行系统配置。

5.10.5　系统验证

将实验平台的 USB 串口连接至上位机，在上位机上打开 Serial Oscilloscope，点击 Serial Port 设置串口以及波特率等相关参数。通过 Osciloscope 选项设置使用 Channels1、2 and 3。随后拨动实验平台上的电位器，可以看到上位机接收到对应的 XADC 数据，并将 XADC 数据转换为波形进行显示，如图 5-94 所示。

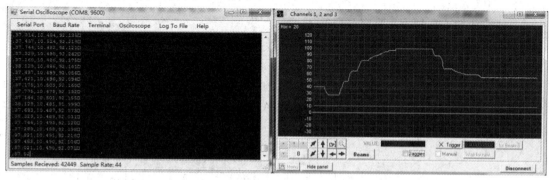

图 5-94　虚拟示波器界面

第 6 章　FPGA 设计进阶

6.1　Vivado 下的 FPGA 时序约束与分析

6.1.1　静态时序分析

什么是 FPGA 的静态时序分析？

在研究这个问题之前，需要搞清楚 FPGA 设计中和时序相关的一些基础知识。首先，在前面章节中讲到了 FPGA 电路可以通过由元件、连线、引脚、端口等基本元素构成的网表来表示。网表中的各种元件可以分为时序元件(如寄存器、块 RAM 等元件)和非时序元件(如查找表 LUT 等)两种。那么，任意一个 FPGA 逻辑设计中都可以将各元件抽象成如图 6-1 所示的基本时序模型。

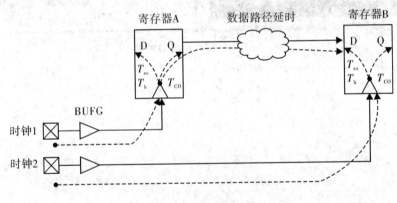

图 6-1　基本时序模型

在图 6-1 的时序模型中可以看到，其中有两个寄存器：寄存器 A 和寄存器 B。两个寄存器分别有各自的时钟信号，寄存器 A 的 Q 端通过一部分非时序逻辑即组合逻辑元件到达寄存器 B 的 D 端。在这个模型中，寄存器 A 的时钟信号时钟 1 的上升沿会在一段延时过后到达寄存器 A 的时钟端口；此时寄存器 A 在经过一段时间，即数据输出延时 T_{co} 后将寄存的数据输出至 Q 端口；寄存器 A 的 Q 端口的数据会经过一段组合逻辑电路，即会有一段组合逻辑电路延时或者称之为数据路径延时后到达寄存器 B 的 D 端口。在寄存器 B 上，D 端口上的数据会在寄存器 B 的时钟 2 的上升沿到来时进行采样寄存。

那么，这里在寄存器 B 上能否将数据正确无误地寄存，有两个关键因素，即时序关系需要满足寄存器 B 的建立时间与保持时间的要求。这实际上是由寄存器本身的物理特性决定的。为了保证采样过程的准确性，数据输入端必须在实际采样时钟沿到达之前一段时间就保持稳定，同样，在采样沿之后数据输入端仍需维持一段时间。这其实就是通常所说的数据输入端相对于采样时刻的数据建立时间(setup time)和数据保持时间(hold time)。而寄存器的建立时间和保持时间的要求是由寄存器本身的结构决定的，一般来说它们是常数。

因此，所谓的 FPGA 设计的静态时序分析是工具根据用户对设计的时序性能约束以及综合或实现过后的网表时序参数来对整个设计网表中的每条时序路径进行分析计算，以检查其是否满足全部时序元件对时序参数的要求的一个过程。即静态设计分析是在用户完成设计的综合或实现阶段，工具获取到设计的时序延时信息后，并且在用户下达某些具体的时序要求指标(如时钟周期约束)的情况下进行的。所以时序约束是进行静态时序分析的前提，没有时序约束则静态时序分析无从谈起。

另外，在静态时序分析的过程中，工具仅仅关心的是网表中所有时序路径的时序参数性能，而并不关心电路功能是否正确。因此，并不能仅靠时序分析来判断电路是否能正常工作，通常选择静态时序分析配合设计的功能仿真来保证一个设计的正确性。

在一个设计中，存在几种不同类型的时序路径，通常归纳为如图 6-2 所示的几种。不同的时序路径，需要对其进行有针对性的约束以及分析。

① 从外部时序元件到 FPGA 内部的输入路径。输入路径具体是指从上游器件时序元件的时钟输入端开始至 FPGA 内部的时序元件的数据输入端为止。

② 从 FPGA 到外部时序元件的输出路径。输出路径具体是指从 FPGA 内部的时序元件的时钟输入端至下游器件时序元件的数据输入端为止。

③ 从 FPGA 内部时序元件到时序元件的内部时序路径。内部时序路径具体是指从一个内部时序元件的时钟输入端到另一个时序元件的数据输入端为止。

④ 不经过时序元件，从输入直接到输出的组合逻辑路径。

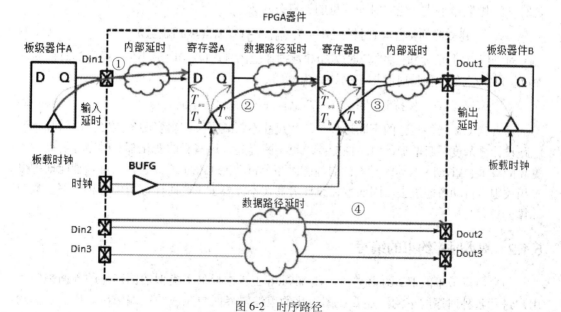

图 6-2　时序路径

静态时序分析(Static Timing Analysis，STA)是 FPGA 电路设计中非常重要的一个环节，它在结构逻辑、电路布局布线等方面起着关键性的作用。Vivado 工具下的静态时序分析既能检验电路的最大延迟以保证电路在指定的频率下能够满足建立时间的要求，同时又要检验电路的最小延迟以满足保持时间的需求。FPGA 逻辑电路设计只有通过了静态时序分析才能真正确保设计的电路能够在 FPGA 器件中稳定地运行。具体对于时序路径的建立时间与保持时间的检查如图 6-3 所示。

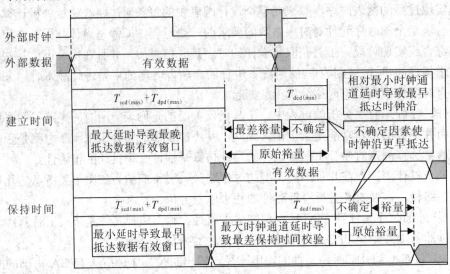

图 6-3　建立时间与保持时间

其中，无论是对于建立时间的校验还是对保持时间的校验，Vivado 时序分析工具都会使用最坏情况的参数来进行计算。

对于建立时间，源时钟的延时(T_{scd})和数据通道的延时(T_{dpd})要取最大值，而目的时钟的延时(T_{dcd})则取最小值。建立时间裕量的计算公式为

$$建立时间裕量 = (时钟周期 + T_{dcd(min)}) - (T_{scd(max)} + T_{dpd(max)}) \tag{6-1-1}$$

对于保持时间，源时钟的延时(T_{scd})和数据通道的延时(T_{dpd})取最小值，而目的时钟的延时(T_{dcd})取最大值。保持时间裕量的计算为

$$保持时间裕量 = -T_{dcd(max)} + (T_{scd(min)} + T_{dpd(min)}) \tag{6-1-2}$$

随着 FPGA 器件工艺的不断进步，芯片尺寸不断减小及逻辑资源集成度不断增强导致电路设计复杂度不断增加，电路性能要求也不断提高，这些新的变化都对时序分析提出了更高的要求。Vivado 工具针对设计的静态时序分析功能也在不断完善，它可以智能地将很多相关因素自动考虑进去，因而普通设计者其实不需要去深究时序分析中各种时序参数的计算公式。

6.1.2　基本时序约束的编写

与之前章节中的 I/O 约束类似，在 Vivado 工具中提供了类似的图形化的界面来辅助用户进行各种时序约束的添加。在图形化约束编辑界面中完成约束编辑后，所指定的约束同样保存在 XDC 文件中。因此，这里直接介绍一些常用的基本时序约束的 XDC 命令的编写。

(1) 在编写设计对应的时序约束文件 XDC 时,首先使用 create_clock 指令对进入 FPGA 的时钟进行约束。其语法格式如下:

create_clock [-add] [-name <clock_name>]-period <value> [-waveform <edge_list>] <targets>

其中参数:

① -add:用于为一个端口添加多个时钟约束;

② -name:表示生成的时钟名称;

③ -period:表示时钟周期,单位为 ns;

④ -waveform:可以详细描述时钟占空比。

例子:

create_clock-period 5-name clk [get_ports clk]

完成对一个周期为 5 ns、名称为 clk、端口名为 clk 的时钟约束。

create_clock-period 10-waveform {8 12}-name clk [get_ports clk]

指定一个周期为 10 ns,名字为 clk,上升沿为 8 ns、下降沿为 12 ns 的时钟,占空比为 40%。

create_clock-period 10-name clk_100 [get_ports clk]

create_clock-perioid 6.6-name clk_150 –add [get_ports clk]

在 clk 一个端口上生成两个时钟,其周期分别为 10 ns 和 6.6 ns。如果一个系统中同一个端口在不同时刻会有多种时钟输入,可以使用–add 参数。

(2) 针对设计中的输入、输出路径,可以指定对应路径的输入、输出延迟。

输入延迟约束的命令是 set_input_delay,并且需要指定一些参数:参考时钟、最大值(缺省)、最小值以及端口的名称。例如:

set_input_delay 2-clock clk [all_inputs]

set_input_delay 1.5-clock clk -min [all_inputs]

输出延迟的命令很类似:

set_output_delay 1.5-clock clk [all_outputs]

set_output_delay 1.2-clock clk -min [all_outputs]

在 Vivado 工具中,set_input_delay 和 set_output_delay 定义的是与输入和输出延时路径有关的外部延时,即指定输入、输出路径中 FPGA 外部的延时信息。换句话说,通过设置输入、输出路径,将并不完整的输入、输出路径信息补充完整,以便 Vivado 工具进行相关时序分析。所以严格意义上讲,输入、输出延时约束并不能称为"约束",所指定的输入、输出延时信息并无法影响到 Vivado 针对这部分电路的实现,而是主要用于 Vivado 计算输入、输出路径的时序情况。

与此不同的是,在 Xilinx 之前的 ISE 软件工具环境中的 UCF 约束中,类似的 offset_in 和 offset_out 定义的是在 FPGA 内部的延时约束,所以二者之间对延时的定义是不同的。如对于时钟周期为 5 ns 的设计,如果规定 offset_in 为 3 ns,则 set_input_delay 应为 2 ns。

(3) 对一些特殊的设计要求,例如不能通过的数据传递路径和多周期的路径,还需要指定伪路径(false path)和多周期路径(multicycle path)的时序约束。

伪路径是指在时序分析中不考虑其延迟计算的路径，例如有些跨越时钟域的电路等。伪路径的约束命令为：

　　　　set_false_path-from [get_clocks clkA] -to [get_clocks clkB]

或

　　　　set_false_path-from regA-to regB

第一条指令设定了从时钟域 clkA 到时钟域 clkB 的所有路径都为 false path。第二条指令设定了从 regA 到 regB 的路径为 false path。这两种路径在做时序分析时都会被忽略。

多周期路径的约束和伪路径约束的方法差不多，其命令如下：

　　　　set_multicycle_path <path_enumeration> <check_type> \ <multiplier>

其中，<path_enumeration>是匹配该约束的这组路径的表达式，可以利用-from、-through 和 -to 选项来匹配对应的路径；<check_type>决定约束所施加的静态时序校验，可选-setup 或 -hold；<multiplier>则决定多周期路径利用多少个时钟周期。

6.1.3　基线设计方法

时序基线设计方法是 Xilinx 在其 UltraFAST 系列方法学中推荐的能够使设计快速时序收敛的一个时序设计方法。其主要思想是，首先创建一个基线时序约束，随后再以此为依据调整整个 HDL 设计的时序，并根据实际需求不断添加完善更多的时序约束。

基线(baseline)设定的主要理念是创建一个正确的极简约束集，该约束集要覆盖大部分的时序路径，而不是一直等待所有约束都能被完全指定。因此用户可以在设计过程中尽早创建基线约束。设计若发生较大变化，则应依照这些基线约束来调整 HDL 设计的时序。当用户对设计已有了很大进展，且对 I/O 时序有了更好的了解之后，才能对 I/O 以及其他时序例外情况进行时序定义。因此，基线设计方法可以分为如图 6-4 所示的三大步骤。

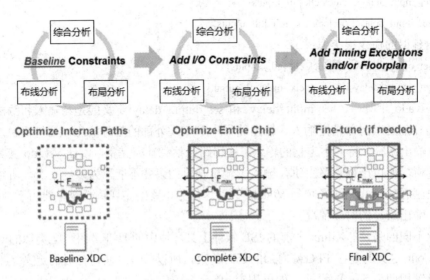

图 6-4　基线设计方法

这三个步骤中所涉及的时序约束命令以及时序分析命令如图 6-5 所示。

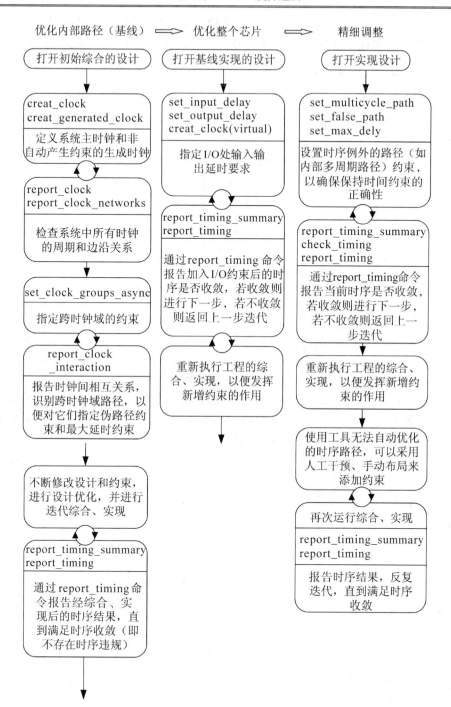

图 6-5　详细的基线设计流程

6.1.4　时序分析实例

本节将通过一个实验来演示 Vivado 下时序约束的创建、添加，并介绍在 Vivado 中进行时序分析的流程和方法。所选用的实验是在 FPGA 逻辑中使用一个串口模块用于接收串口数据，随后将数据通过开发平台上的 LED 灯直接输出，其简要框图如图 6-6 所示。

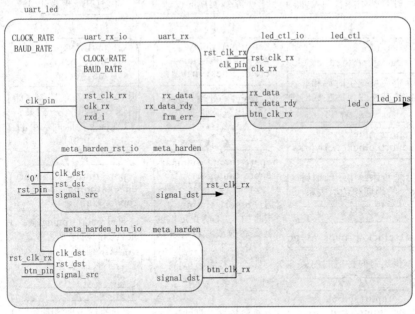

图 6-6　实验框图

(1) 打开 Vivado 工具，按照前面介绍的方法创建一个 RTL 工程，将所提供的该实验的 HDL 源码添加进工程之中并完成工程的综合，如图 6-7 所示。此时实验工程的 XDC 文件中只有设计的 I/O 约束，而不存在时序约束。

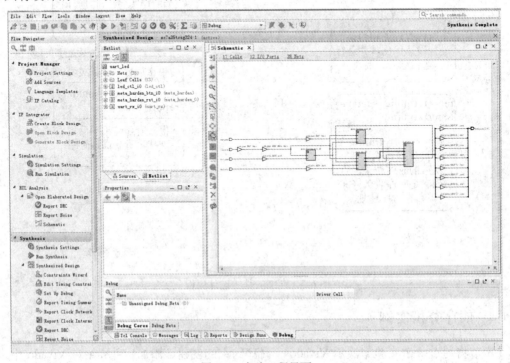

图 6-7　实验工程界面

(2) 通过约束向导添加时序约束。可以在流程导航窗口(Flow Navigator)中的 Open Synthesized Design 条目下点击 Constraints Wizard 打开约束向导。若在之前没有指定设计中的 XDC 目标文件，则此时工具会要求用户指定一个 XDC 目标文件作为约束向导的输出文件，如图 6-8 所示。指定好 XDC 目标文件后便可以打开约束编辑器了，其界面如图 6-9 所示。

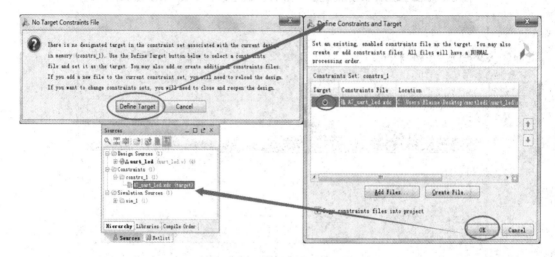

图 6-8　设置目标约束文件

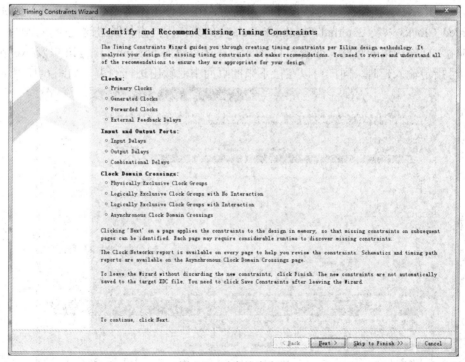

图 6-9　时序约束向导

(3) 点击 Next 按钮，进入时钟周期约束界面。约束编辑器会自动识别到设计中的时钟 clk_pin，点击周期数值将其指定为 100 MHz，此时窗口下方会出现对应的 Tcl 约束命令，如图 6-10 所示。

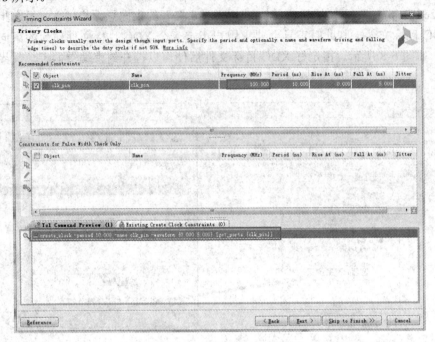

图 6-10   时钟周期约束界面

（4）点击 Next 按钮。因为该设计较为简单，在设计中不需要做 Generated Clocks、Forwarded Clocks 以及 External Feedback Delays 约束，因此直接跳过这几个页面。接下来进入到输入延时约束的页面，如图 6-11 所示，在此可以对 btn_pin、rst_pin 以及 rxd_pin 等输入信号指定输入延时。同样可以在接下来的页面中对输出进行约束，如图 6-12 所示。

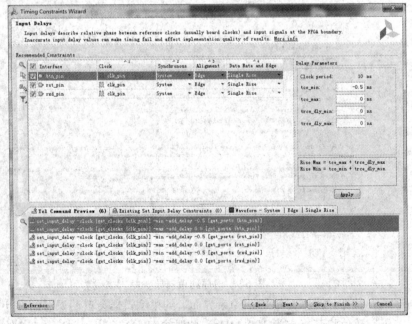

图 6-11   输入延时约束界面

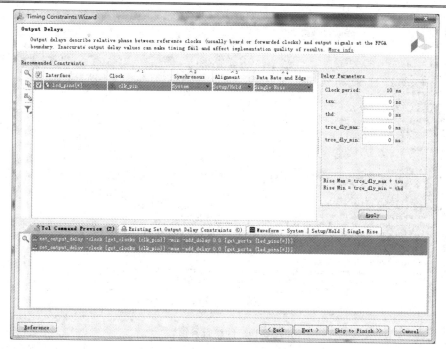

图 6-12　输出延时约束界面

　(5) 由于在设计中没有需要约束的组合逻辑延时约束，因此可以直接跳到完成界面。在完成界面，可以勾选 View Timing Constraints 选项，以便随后查看所做约束，如图 6-13所示。

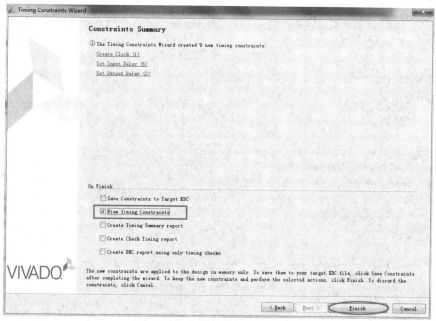

图 6-13　时序约束向导完成界面

　(6) 点击 Finish 按钮后，可以在弹出的约束查看窗口中看到设计中的全部约束，并且也可以在这个窗口中对约束进行增删或修改，如图 6-14 所示。

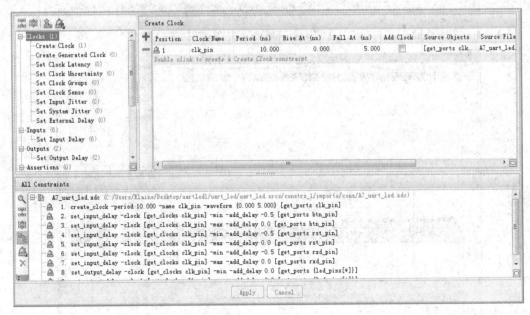

图 6-14　约束查看窗口

(7) 这时，就完成了 Vivado 工程的基本的时序约束。接下来，可以在流程导航窗口(Flow Navigator)中的 Synthesized Design 条目下点击 Report Timing Summary 进行静态时序分析。如图 6-15 所示，用户可在此选择静态时序分析的相关设置，这里可以都保持默认值，直接点击 OK 按钮。

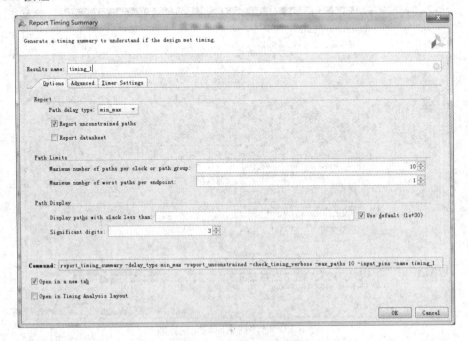

图 6-15　时序报告生成向导

(8) Vivado 主窗口中将显示出工具对当前设计的时序分析报告，如图 6-16 所示。在当前约束下，能够发现设计中存在 Hold 时序违规的路径。

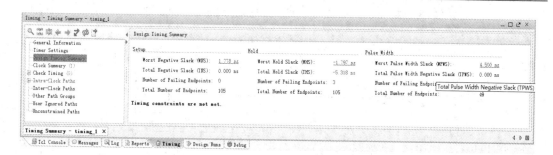

图 6-16　时序报告

(9) 通过点击左侧红色的条目,可以定位到不满足时序要求的具体路径,如图 6-17 所示。

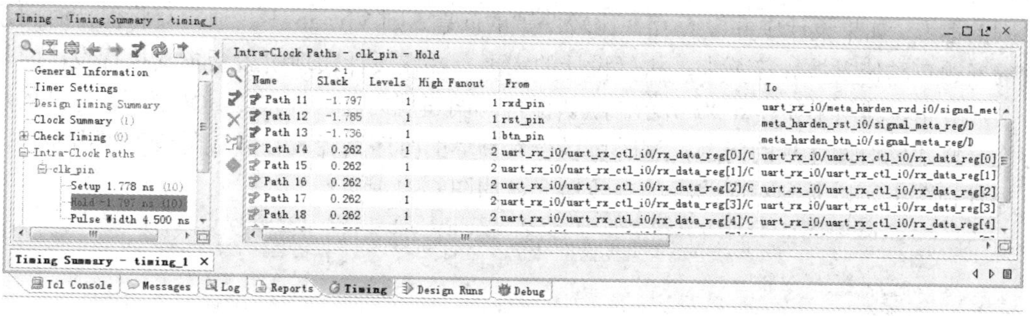

图 6-17　时序报告之违规路径

在此处,通过双击对应的路径来打开工具针对该路径的静态时序分析报告,如双击路径 11,其结果如图 6-18 所示。其中可以看到该路径中每个环节具体的延时分析。

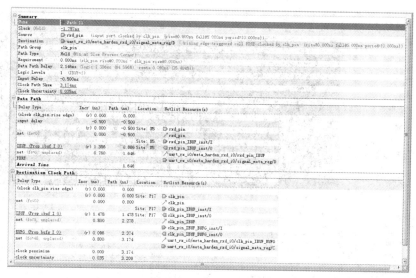

图 6-18　路径详细报告

此外,也可以在对应路径条目上单击右键,选择 Schematic 打开对应路径的原理图界面,如图 6-19 所示。这些信息与原理图均有助于快速定位时序违规路径的问题所在。

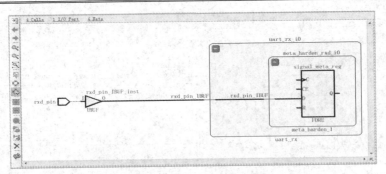

图 6-19　路径对应的原理图

(10) 通常，设计中建立时间的违规可以通过降低系统运行频率或继续优化来解决，而保持时间的违规通常需要用户自己排查是否设计中有约束不当的情况或者不符合常规设计原则的地方。如果设计中并没有存在比较严重的问题，则 Vivado 工具通常会将保持时间违规的问题自动修复掉。接下来，执行设计的实现，并在设计实现阶段后再次执行设计的静态时序分析，其结果如图 6-20 所示。默认保持时间违规问题已经被工具修复了，但是依然存在一些建立时间违规的问题，这时可以查看具体的时序路径。在实现阶段后点击路径，在器件视图中可以看到对应路径的布线情况，如图 6-21 所示。

图 6-20　时序分析报告

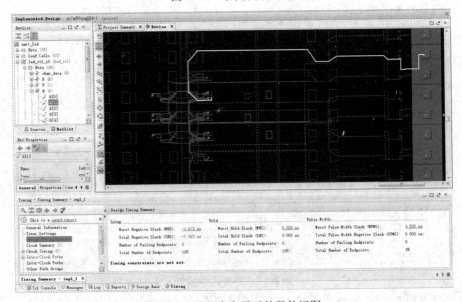

图 6-21　路径高亮显示的器件视图

(11) 在上个步骤的结果中，可以看到出现建立时间违规的路径为 led 模块输出至 FPGA

的 I/O 引脚的这几条路径。针对这些输出路径的时序问题,可以采用 FPGA I/O 模块的寄存功能来缓解 I/O 路径上的时序问题。在此,可以在 Tcl 命令窗口中输入以下命令：set_property IOB TRUE [get_ports led_pins[*]]。这条命令在 led_pins 所在的这几条输出路径中插入 I/O 模块中的 I/O 寄存器,如图 6-22 所示,在输入完命令之后器件视图中对应路径的走线也发生了变化。

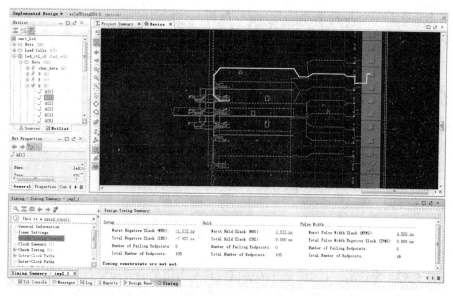

图 6-22　执行脚本命令后的器件视图

可以在器件视图中将这些路径放大进行观察,如图 6-23 所示,可以看到这些路径先经过 IOB 模块中的输出寄存器,再输出至 FPGA 的 I/O 引脚。

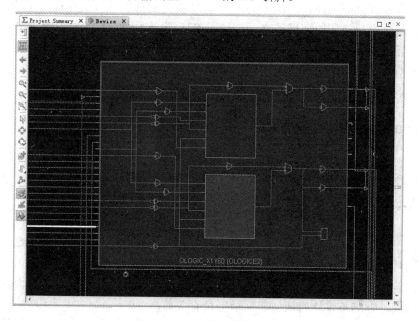

图 6-23　IOB 部分器件视图

需要注意的是,通过 Tcl 加入的约束此时并没有保存,所看到的结果是当前存在于计算机内存中的网表的结果，需要通过点击 File→Save Constraints 来保存当前验证无误的约束。保存约束会使设计的实现结果过期，此时可以重新运行设计实现以及时序报告来验证设计的时序问题是否真正被解决。

（12）再次完成设计实现后打开时序报告，可以看到时序问题已经全部被解决，如图6-24 所示。

至此便完成了 Vivado 环境下基本的时序约束与分析的流程。

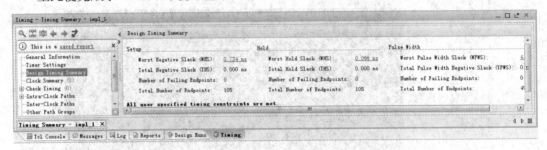

图 6-24　时序收敛

6.2　使用 Vivado 进行硬件调试

在进行 FPGA 设计的项目中，设计的调试过程所占用的时间通常会超过整个项目开发时间的 40%。由此可见，设计调试(尤其是设计的硬件调试)的重要性。采用不当的调试手段或方法可能会占用更多的宝贵时间，甚至导致整个项目进度严重滞后。

Xilinx 的 Vivado 集成开发环境集成的 Vivado Logic Analyzer(VLA)在线逻辑分析仪给用户提供了综合而且全面的硬件调试解决方案。VLA 的硬件调试方法直观、灵活、可重复。可以选择最适合设计流程的调试策略，如使用 RTL 设计文件、综合设计和 XDC 约束文件或通过网表插入硬件调试核，也可以采用自动运行探测的互动式 Tcl 脚本来进行。Vivado 设计套件为检测复杂事件提供先进的触发器和采集功能。在调试过程中所有的触发器参数均可使用，用户可以实时检查或动态修改参数，且无需重新编译设计。

6.2.1　Vivado 在线逻辑分析仪

在 Vivado 中成功完成设计实现之后，下一步是编程 FPGA 器件并在硬件上运行设计项目以及在系统中进行硬件调试。在 Vivado 工具中 FPGA 设计的硬件调试是一个多步骤的交互过程，Vivado 集成开发环境所包含的逻辑分析能够使设计者对实现后的设计进行系统内的硬件调试。Vivado 集成开发环境下的逻辑分析仪包含多种不同的调试 IP 核，可以连接至用户设计中，从而对用户设计的逻辑电路进行在线逻辑分析。使用 Vivado 逻辑分析仪的好处是可以对系统时钟速度条件下实际硬件系统环境中运行的设计进行调试。在系统上执行硬件调试的限制(包括调试信号可见度)相比仿真而言要低，且需要更长的设计、实现、调试迭代周期，但这与设计的规模和复杂度是有关的。

当今 FPGA 器件工艺技术越来越先进，集成度越来越高，基于 FPGA 的设计也已经变得越来越复杂，导致设计和诊断时间在项目周期中占比越来越大。Vivado 集成的在线逻辑分析仪工具，作为 Xilinx 提供的设计调试解决方案可以帮助用户最小化所需要的诊断和校验时间。Vivado 设计套件中的逻辑分析仪是一个硬件诊断工具，功能上可以满足对外部逻辑分析仪的需求，而且还包含一些低成本的工具。利用 USB 接口的 JTAG 电缆，Vivado 系统即可对 FPGA 器件进行编程并实现对硬件的在线调试，如图 6-25 所示。

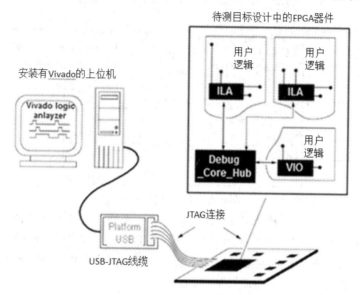

图 6-25　硬件调试示意图

硬件调试是 FPGA 设计开发过程中的一个必要部分。FPGA 器件具有可重配置的特性，其设计与调试都是一个迭代的过程。在 Vivado 工具下进行 FPGA 设计硬件调试包括以下几个阶段：

(1) 设计探测阶段(Probing)：在用户逻辑设计中添加或修改用于硬件调试的探测程序，即给用户设计中添加 Vivado 的调试 IP 核。这个步骤要确定设计需要被探测的信号或网线，以及用户探测时向设计添加 IP 核所需要的方式。

(2) 设计实现阶段(Implementation)：在用户设计上添加调试 IP 核后，Vivado 工具需要对设计重新进行编译，以生成包含探测逻辑电路的设计网表。

(3) 设计分析阶段(Analysis)：利用包含在设计中的调试 IP 核，交互式地对设计功能进行调试并验证系统功能，探测并修复所发现的设计问题。

在以上三个阶段中，设计实现阶段与正常的 Vivado 设计实现没有实质区别。下面介绍在设计探测阶段的不同逻辑调试 IP 核以及它们的使用方式，并且以实例来演示在设计分析阶段所涉及的内容以及具体的 Vivado 调试流程与操作方式。

6.2.2　Vivado 逻辑调试 IP 核

在 Vivado 开发环境中集成了多种调试 IP 核，用户可轻松执行系统内的逻辑调试。可用的逻辑调试 IP 包括以下几种。

1. 逻辑分析(ILA) IP 核

Vivado 中的 ILA 核用于内部信号的基本或高级触发与捕获。ILA 核模块如图 6-26 所示。一个 ILA 核具有最多 1024 个用户可配置的探测端口，每个探测端口最多可以连接 4096 个信号。根据触发信号的设置，ILA 核可以将探测端口上的数据捕获并采集至系统的内置 BRAM 中，并且通过 JTAG 线缆传输至上位机的 Vivado 环境中进行显示。

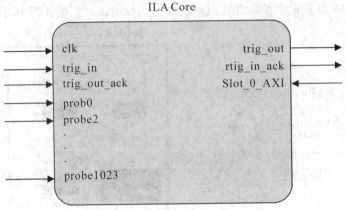

图 6-26　ILA IP 核框图

在 Vivado 工具中，ILA 核支持 HDL 例化或者网表插入两种不同的调用方式。这两种方式的具体区别，将在 6.2.4 节中详细介绍。使用 HDL 例化方式时，可以对 ILA 核的多种参数进行设置，如 ILA 模块例化名称、探测端口数量、采样数据深度、触发与存储设置以及每个探测端口的数据位宽等，如图 6-27 所示。

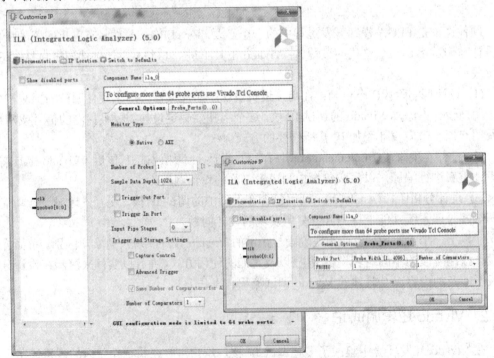

图 6-27　ILA IP 配置界面

2. 虚拟输入、输出(VIO) IP 核

Vivado 中的 VIO 核可用于 FPGA 内部信号的简单监控和驱动。VIO 核是一个较小的逻

辑单元，其无需使用 FPGA 片内或片外的存储资源，就能够给用户提供一些信号监视与驱动上的便捷功能，尤其是在硬件开发平台上的通用输入、输出资源(GPIO)比较紧张的时候。

　　Vivado 中的 VIO 核的结构框图如图 6-28 所示。在 Vivado 环境下，只能通过 HDL 例化的方式才能添加 VIO 核，用户可以对 VIO 核的例化名称，输入、输出探测端口的数量以及端口位宽进行配置，如图 6-29 所示。

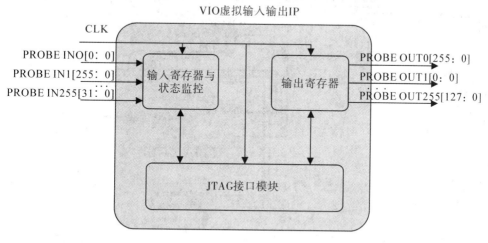

图 6-28　VIO IP 核框图

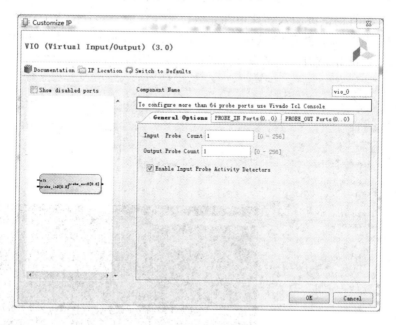

图 6-29　VIO IP 核配置界面

3. 使用 JTAG-AXI 调试 IP 核

　　使用 JTAG-AXI 调试 IP 核，用户可以通过 Tcl 脚本命令与系统中的 AXI 接口的模块进行事务处理级的交互。通常可以使用该 IP 核充当一个 AXI Master，与设计中的 AXI 模块进行交互以便调试 AXI 接口模块。这个调试核也是需要通过 HDL 例化的方式来进行调用的，并且通常在 IP 核集成器的环境下来使用这个 IP 核，如图 6-30 所示。

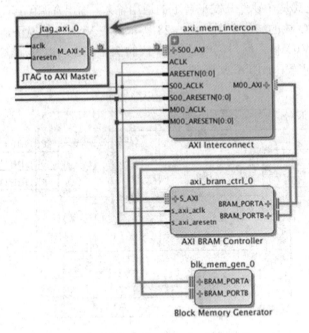

图 6-30　使用 JTAG-AXI 调试 IP 核

在 Vivado 中将调试核加入设计中并完成设计实现以及器件配置后，用户可以使用 Vivado 逻辑分析仪与这些调试 IP 核进行交互式调试。Vivado 逻辑分析仪提供了可自定义的仪表板以及与调试 IP 核有关的所有状态和控制信息的显示面板，如图 6-31 所示。

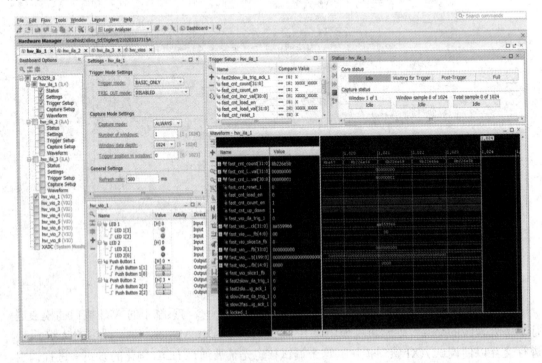

图 6-31　硬件调试界面

6.2.3　调试 IP 核的使用流程

在上一节中讲到，在 Vivado 集成的调试工具中包含有数种不同的调试 IP 核，如 ILA、VIO 等。 这些调试 IP 核都可以采用其他普通 IP 核的例化方式在设计的 HDL 源码或者 IP 核集成器中进行调用，其调用流程与普通 IP 核并无区别。而 ILA IP 核在支持例化使用的同时还支持另一种调用方式，即网表插入方式。

下面将重点介绍网表插入方式的 ILA 核的使用流程。网表插入流程是 Xilinx 推荐的调试流程，它具有预测性和灵活性的特点。网表插入流程可以在 HDL、综合和系统等几个不同层面进行设计探测，且在 Vivado 工程项目模式或者非项目的批处理模式下均可适用。

1. HDL 层面

在 HDL 层面使用网表插入方式的调试流程非常简单，即用户可在 HDL 代码中在需要探测的信号处标记调试对应的注释语法。如在 Verilog HDL 程序中的实例如下：

　　　　(* mark_debug = "true" *) wire [7:0] dout;

虽然这种方式使用上较为简单，但是设计-调试的迭代过程中需要用户不断地修改 HDL 源码以便添加相应的注释。

2. 综合网表层面

用户可以在设计综合阶段后，在网表层面上插入调试 IP 核。通过这种插入方式，用户可以从网表/原理图视图中的逻辑层次中针对设计层次方便地选择所需探测的信号，也可以从原理图的图形化的界面中选择需要探测的信号，如图 6-32 所示。无论采用哪种方法，用户只需要找到需要探测的信号，然后点击右键选择 Mark Debug 选项即可。

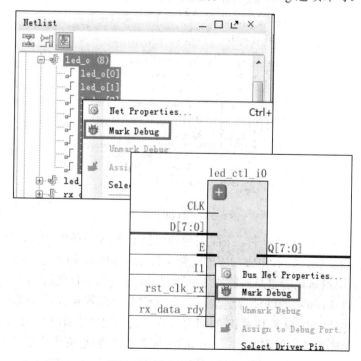

图 6-32　Mark Debug 的使用

3. 系统层面 Tcl 命令方式

在使用其他方式添加调试核后，工具会将对应操作以 Tcl 命令的方式保存在 XDC 约束文件中，如：

1.　　create_debug_core u_ila_0 labtools_ila_v2
2.　　set_property C_DATA_DEPTH 1024 [get_debug_cores u_ila_0]
3.　　set_property port_width [get_debug_ports u_ila_0/CLK]
4.　　set_property port_width [get_debug_ports u_ila_0/PROBE0]

因此，用户也可直接在 XDC 中通过 Tcl 命令来添加 ILA 调试核。

上述三种方式中，网表层面调用方式较为直观易用。HDL 层面添加注释的方式可以有效地避免相关待测信号被 Vivado 工具综合优化掉而导致在后续网表层面找不到对应信号的问题。直接调用 Tcl 方式要求用户对相关 Tcl 命令比较熟悉。在同一个设计中，这些不同的调用方式是可以共存的，因此用户可以针对实际情况选择不同的 ILA 调用方式。

在完成 ILA 核调用并指明待探测信号后，需要对所调用的 ILA 进行合适的设置。可以通过工具栏中的 Tools 下的 Set Up Debug 选项，在综合网表的设计上对 ILA 核进行配置，如图 6-33 所示。

图 6-33　Set up Debug

在 Set Up Debug 设置向导中，按照向导指引完成 ILA 核的配置后，便可以继续完成 Vivado 工具的实现流程，然后生成对应的配置文件来对 FPGA 器件进行配置。与此相同，HDL 例化方式调用调试核后也是按照普通的 Vivado 综合与实现流程来生成配置文件的。接下来，可以通过 Vivado 的硬件管理器来完成 FPGA 的配置并打开调试界面，如图 6-34 所示。其中，标示(1)的区域是 ILA IP 的相关设置，用户可以在此指定 ILA IP 核的触发模式、捕获模式以及刷新速度等参数；标示(2)的区域是 ILA 触发条件的设置，用户可以在此设置并调整 ILA 的触发条件，以便在合适的时机触发 ILA；标示(3)的区域是波形显示窗口，

ILA 在触发后会将保存的数据上传上位机并在此显示，用户可以通过波形来对硬件进行诊断。更多相关具体操作细节，在接下来的 Vivado 硬件调试实例中将详细展开。

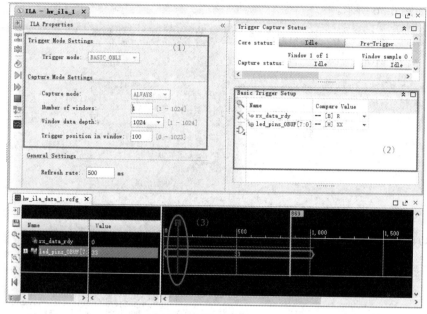

图 6-34　硬件调试界面 ILA 设置

6.2.4　硬件调试实例

在本节中，将会分别使用 HDL 例化和网表插入两种不同方式来演示如何在设计中调用调试 IP 核以及如何进行设计调试。

首先，打开 Vivado 工具并打开 6.1 节中创建的 Uart_led 工程来添加调试 IP 核。接下来将会分别演示两种不同的调试核使用流程。

1. 采用 HDL 例化方式添加调试核

(1) 采用 HDL 例化的方式，需要在 Vivado 的 IP Catalog 中例化相应的 IP 核；即在流程导航窗口中的 Project Manager 条目下点击 IP Catalog，在 IP Catalog 窗口中双击 ILA IP 核，如图 6-35 所示。

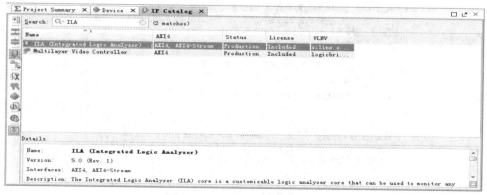

图 6-35　IP 列表中的 ILA IP 核

(2) 在打开的 IP 核配置界面中，将 IP 核例化名称改为 ila_demo，将探针端口数量改为 2，且在探针端口配置页中分别将探针 0 和 1 的位宽设置为 1 bit 和 8 bit，其余参数配置保持不变，如图 6-36 所示。

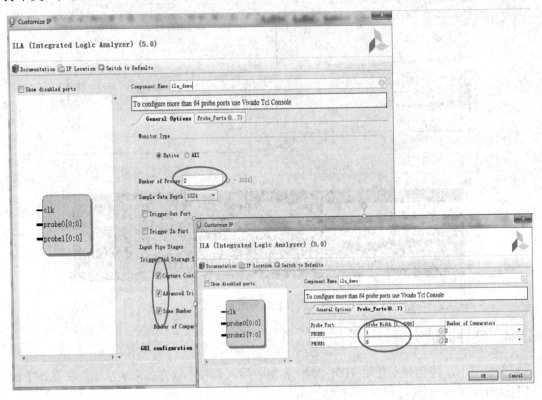

图 6-36　ILA IP 核配置界面

(3) 在配置完成后，点击 OK 按钮，并采用 OOC 的方式来进行综合。随后会在 Sources 窗口中看到调用的 IP 核，如图 6-37 所示，并且在 IP Sources 栏目中可以找到 IP 核的例化模板，如图 6-38 所示。

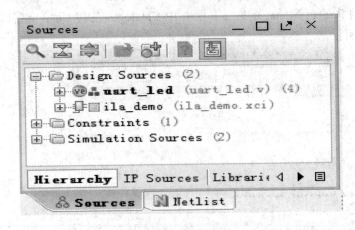

图 6-37　源代码窗口

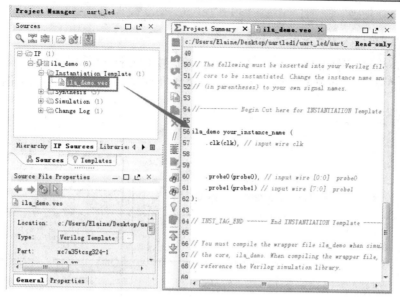

图 6-38　IP 源代码以及例化模板

（4）在设计顶层中例化 ILA IP 核，即将例化模板 ila_demo.veo 中代码部分的 56～62 行粘贴至设计顶层 uart_led.v 文件中的 104 行，并同设计中的待测信号完成连接，即修改为如下代码：

```
1    ila_demo ila_led_i0 (
2            .clk(clk_pin), // input wire clk
3            .probe0(rx_data_rdy) , // input wire [0:0]    probe0
4            .probe1(led_pins)    // input wire [7:0]    probe1
5    );
```

（5）修改完成后，可以在 Sources 中看到 ila_demo 模块已经被加入到设计顶层之下了，如图 6-39 所示。

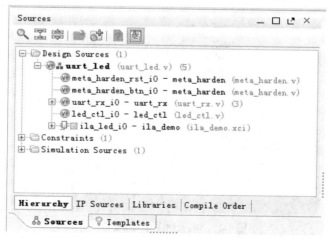

图 6-39　IP 核例化模块加入设计顶层文件中

至此，便完成了 HDL 方式的 ILA IP 核的添加。VIO IP 的添加方式与此相同，此处不再赘述。

2. 采用网表插入方式添加调试核

(1) 在之前的步骤完成后，运行 Vivado 的综合操作并打开综合后的原理图。在原理图中可以找到之前在 HDL 中所例化的 ila_demo 模块以及其探测的两组信号，如图 6-40 所示。

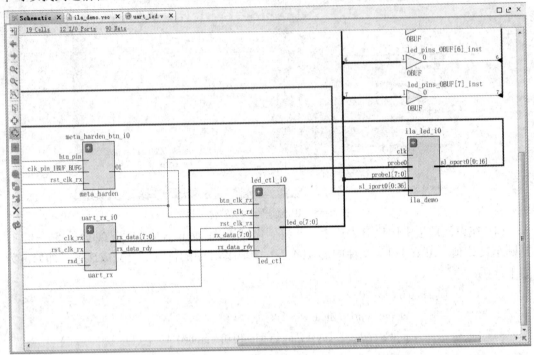

图 6-40　设计原理图

(2) 在综合后的原理图中，可以在想要观察的信号上点击右键，选择 Mark Debug，将对应信号标记为待测信号，如图 6-41 所示。在原理图以及网表信号层次窗口中，可以看到待测信号旁会有"绿色虫子"图标。

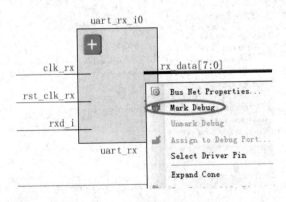

图 6-41　在原理图中 Mark Debug

(3) 标记完成之后可以看到如图 6-42 所示的 Debug 窗口，点击保存按钮将此操作保存至 XDC 约束文件中。也可以通过工具栏 Layout 中的 Debug 选项将界面切换至 Debug 窗口。

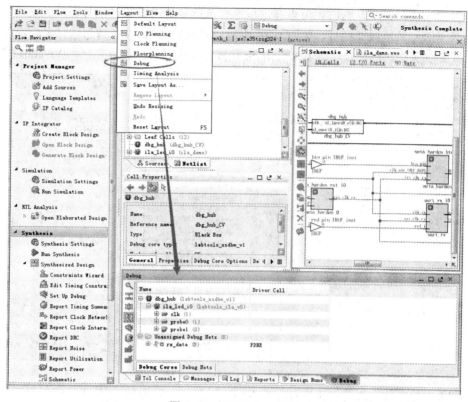

图 6-42　打开 Debug 界面

（4）在 Debug 窗口中，可以看到 ila_demo 模块以及它的两个探测端口，同时 Mark Debug 所标记的信号也出现在 Unassigned Debug Nets 条目下。在此需要完成对之前所标记的待测信号的调试设置，点击 Debug 左侧的 Set Up Debug 按钮来打开 Set Up Debug 向导，如图 6-43 所示。

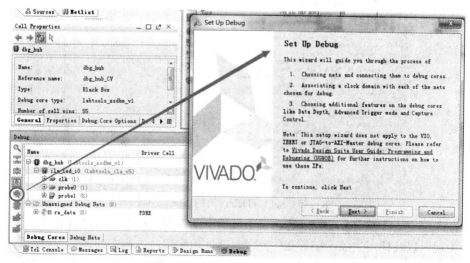

图 6-43　打开 Set Up Debug 界面

(5) 在 Set Up Debug 向导中点击 Next 按钮，工具会自动列出全部 Unassigned Debug Nets 以及对应的时钟域，同时也可以在这里选择该信号是用于数据信号还是触发信号，或者既是数据信号又是触发信号，如图 6-44 所示。完成后点击 Next 按钮选择采样深度等参数，这里可以保持默认设置。接下来点击 Next 按钮完成设置向导，并回到 Vivado 主界面。

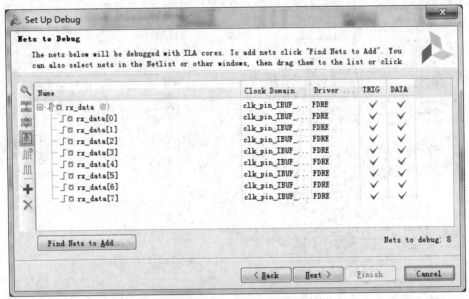

图 6-44   Set Up Debug 向导

(6) 点击保存按钮将所作设置保存在 XDC 文件中。在 XDC 文件中，可以看到之前这些操作所对应的 XDC 命令，如图 6-45 所示。

图 6-45   Set Up Debug 后的 XDC 文件

至此，便完成了在网表中插入逻辑调试核的全部流程。接下来，可以对设计进行后续的设计实现，以及使用生成的配置文件完成对器件的配置并进行在线逻辑分析与调试。

在完成相应逻辑调试 IP 核的添加并重新完成设计实现之后，便可以在硬件平台上开始对设计的硬件进行调试。硬件调试的流程如下：

（1）首先，将硬件平台与上位机通过 JTAG 线缆进行连接，并打开电源。在 Vivado 中打开硬件管理器完成硬件的连接以及配置文件的下载。此时，在 Vivado 的硬件管理器中会出现硬件调试界面，如图 6-46 所示。

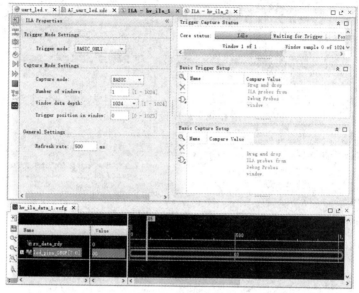

图 6-46　硬件调试界面

（2）在上位机中打开任意一个虚拟串口工具，查看所识别到的 COM 编号并同板卡通过串口(波特率为 115 200 Baud)进行连接。

（3）在调试界面中的硬件窗口中，可以选择 Run Trigger 或 Run Trigger Immediate 执行采样，采样结束后在波形窗口中将输出采集到的数据波形，如图 6-47 所示。

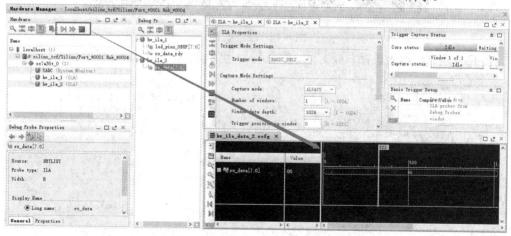

图 6-47　硬件调试界面触发按钮

（4）在 Debug Probe 窗口下选取触发信号，并将其通过拖曳方式添加在 Basic Trigger Setup 窗口中。可以在 Basic Trigger Setup 窗口中设置触发条件以及多个触发条件之间的逻辑关系。只有在满足触发条件时，ILA 才会被触发并根据数据捕获条件以及触发位置来显示采集到的数据波形，如图 6-48、图 6-49 所示。

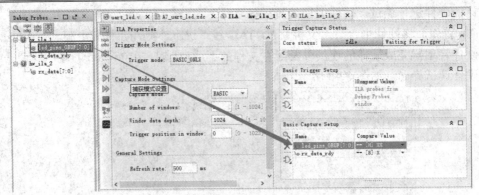

图 6-48　触发设置窗口

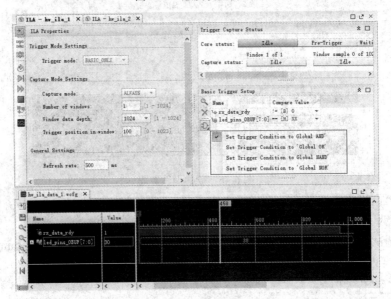

图 6-49　触发设置

在 ILA 调试界面的设置面板上有一些比较常用的设置，如图 6-50 所示。

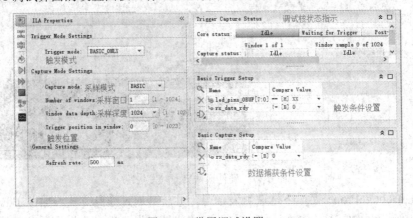

图 6-50　常用调试设置

① 采样深度：ILA 核在添加时所指定的采样深度大小，它决定了最多能够采样数据的数量。

② 采样窗口：在一次捕获过程中可以触发的次数；当窗口大于 1 时，多个窗口将会共享总的采样深度。

③ 触发位置：触发点在波形显示上所处的位置。若为 0，则波形仅仅显示触发点之后的数据；若大于 0 且小于触发深度，则波形显示触发点前后的数据波形。

④ 触发条件设置：设置触发条件以及不同触发条件之间的逻辑关系。

⑤ 数据捕获条件设置：设置数据采集捕获的条件，即在触发条件满足的情况下，数据满足捕获条件才会被 ILA 采集并显示。在 ILA 设置中，捕获模式为 Always 模式时，数据捕获条件设置无法使用。通常，当采样深度对于待测信号来说远远不足时，可以选择将 ILA 的该项功能打开以此过滤一部分信号来节省采样空间。

例如，当将触发窗口设置为 2 时，采样深度会均分为 1024 即每个窗口 512 的深度；设置触发位置为 100，采样模式设置为 ALWAYS 模式，通过上位机的串口终端向开发板发送数据，采集条件设置为 rx_data_rdy 信号为上升沿时进行触发。如图 6-51 所示，此时可以看到两个窗口以及两次触发：第一次位于第 100 个采样点处，而第二次位于第 512+100 即第 612 个采样点处。

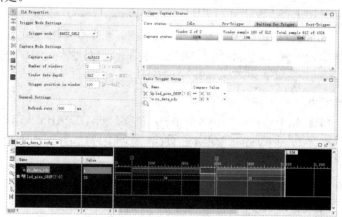

图 6-51　多次触发

以上是在 Vivado 下进行硬件在线调试的流程与基本方法，在熟悉基本使用方法后，可以从官方的相关手册中获取更多的使用与调试技巧。

参 考 文 献

[1]　魏家明. Verilog 编程艺术[M]. 北京：电子工业出版社，2014

[2]　陈学英，李颖. FPGA 应用实验教程[M]. 北京：国防工业出版社，2013

[3]　何宾. Xilinx FPGA 设计权威指南：Vivado 集成设计环境[M]. 北京：清华大学出版社，2014

[4]　杨开陵. FPGA 那些事儿：Verilog HDL 建模设计[M]. 北京：北京航空航天大学出版社，2013

[5]　何宾，张艳辉. Xilinx FPGA 数字信号处理权威指南：从 HDL 到模型和 C 的描述[M]. 北京：清华
　　　大学出版社，2014

[6]　褚振勇，翁木云. FPGA 设计及应用[M]. 西安：西安电子科技大学出版社，2002

[7]　马建国，孟宪元. FPGA 现代数字系统设计[M]. 北京：清华大学出版社，2010

[8]　赵雅兴. FPGA 原理、设计与应用[M]. 天津：天津大学出版社，1999

[9]　刘波. 精通 Verilog HDL 语言编程[M]. 北京：电子工业出版社，2007

[10]　徐文波，田耘. Xilinx FPGA 开发实用教程[M]. 北京：清华大学出版社，2012

[11]　姚爱红，张国印，武俊鹏. 基于 FPGA 的硬件系统设计实验与实践教程[M]. 北京：清华大学出版
　　　社，2011

[12]　百度百科. http:/baike.Baidu.com

[13]　于彤，马社祥，郭棍. 基于 FPGA 的等占空比的整数分频器设计[J]. 天津：天津理工大学学报，2008

[14]　唐晓燕，梁光胜，王玮. 用 Verilog 实现基于 FPGA 的通用分频[J]. 北京：电子电脑. 电子工业
　　　出版社，2006

[15]　夏宇文. Verilog 数字系统设计教程[M]. 北京：北京航空航天大学出版社，2003

[16]　吴厚航. 深入浅出玩转 FPGA[M]. 北京：北京航空航天大学，2010

[17]　云创工作室. Verilog 程序设计与实践[M]. 北京：人民邮电出版社，2008

[18]　孙航. Xilinx 可编程逻辑器件的高级应用与设计技巧[M]. 北京：电子工业出版社，2004

[19]　张春生，苏开友. FPGA 数字信号处理与工程应用实践[M]. 北京：中国铁道出版社，2013

[20]　罗杰. Verilog HDL 与 FPGA 数字系统设计[M]. 北京：机械工业出版社，2015

[21]　(美)贝耶尔. 数字信号处理的 FPGA 实现. 3 版. 刘凌，译. [M]．北京：清华大学出版社，2011

[22]　韩彬，于潇宇，张雷鸣. FPGA 设计技巧与案例开发详解[M]. 北京：电子工业出版社，2014

[23]　李裕华，马慧敏. FPGA 硬件软件开发及项目开发[M]. 西安：西安交通大学出版社，2014

[24]　何宾. Xilinx FPGA 数字设计：从门级到行为级双重 HDL 描述[M]. 北京：清华大学出版社，2014

[25]　张晓飞. FPGA 技术入门与典型项目开发实例[M]. 北京：化学工业出版社，2012

[26]　樊继明，陆锦宏.博客藏经阁丛书：FPGA 深度解析[M]. 北京：北京航空航天大学出版社，2015

[27]　吴厚航. FPGA/CPLD 边练边学：快速入门 Verilog/VHDL[M]. 北京：北京航空航天大学出版社，
　　　2013

[28]　孟宪元，陈彰林，陆佳华. Xlinx 新一代 FPGA 设计套件 Vivado 应用指南(EDA 工程技术丛书)[M]. 北
　　　京：清华大学出版社，2014

[29]   http://www.asic-world.com/systemverilog/index.html

[30]   马诺，奇莱蒂. 数字设计与 Verilog 实现. 5 版. 徐志军. 译. [M]. 北京：电子工业出版社，2015

[31]   赵吉成，王智勇. Xilinx FPGA 设计与实践教程[M]. 西安：西安电子科技大学出版社，2012

[32]   王春平，张晓华，赵翔. Xlinx 可编程逻辑器件设计与开发(基础篇)[M]. 北京：人民邮电出版社，
        2011